生态文明思想
在园林设计中的发展与应用研究

曹余露 著

吉林文史出版社

图书在版编目（CIP）数据

生态文明思想在园林设计中的发展与应用研究 / 曹
余露著 . — 长春 : 吉林文史出版社 , 2024.3

ISBN 978-7-5752-0112-4

Ⅰ.①生… Ⅱ.①曹… Ⅲ.①生态文明 – 应用 – 园林
设计 – 研究 Ⅳ.① TU986.2

中国国家版本馆 CIP 数据核字 (2024) 第 058291 号

生态文明思想在园林设计中的发展与应用研究
SHENGTAI WENMING SIXIANG ZAI YUANLIN SHEJI ZHONG DE
FAZHAN YU YINGYONG YANJIU

著　　者：曹余露
责任编辑：王　新
出版发行：吉林文史出版社
电　　话：0431-81629359
地　　址：长春市福祉大路 5788 号
邮　　编：130117
网　　址：www.jlws.com.cn
印　　刷：河北万卷印刷有限公司
开　　本：710mm×1000mm　1/16
印　　张：17.25
字　　数：245 千字
版　　次：2024 年 3 月第 1 版
印　　次：2024 年 3 月第 1 次印刷
书　　号：ISBN 978-7-5752-0112-4
定　　价：98.00 元

前　言

　　生态是一个宽泛的概念，和诸多领域有联系，如社会生态、文化生态、企业生态等。安德鲁·杜伯森（Andrew Dobson）在其著作《绿色政治思想》（*Green Political Thought*）中第一次提出"生态文明"，此后，生态文明思想逐步发展并在园林景观设计中得到了应用。

　　随着全球生态环境问题的日益凸显，生态保护和可持续发展已成为时代的主旋律。园林设计作为城市和乡村景观的重要组成部分，肩负着让人与自然和谐共处的重要使命。在此背景下，本书围绕生态文明思想在园林设计中的发展与应用进行深入研究，希望能为园林设计人员和相关研究者提供一种全新的视角和实践方法。

　　本书共分为七章，涵盖了生态园林的基本概念、原则、功能、全方位设计以及自然生态到人文生态的演进等方面。第一章对生态园林进行概述，包括定位、特征、功能、建设与调控等方面；第二章深入探讨园林设计中的生态文明思想，内容涉及从理论形成到应用原则；第三章则聚焦于生态文明思想指导下的园林景观规划设计；第四章是本书的一大特色，对生态园林景观的全方位设计进行深入分析和实践探索；第五章则突出自然生态到人文生态的理念演进，为园林设计提供广阔的视野；第六章通过分析国内外生态园林设计案例，将理论与实践相结合；第七章关注园林生态系统评价与可持续发展，是本书的收尾部分。本书的主要特色在于将生态文明思想与园林设计紧密结合，着重强调园林设计中的生态理念和可持续方法。与传统的园林设计不同，本书强调园林的生态功能，促进人与自然的和谐共生。本书还特别注重理论与实践的结合，运用大量的实际案例分析，具有很强的可操作性。总的来说，本书旨在促进园林设计的生态化、人文化发展，为建设美丽、和谐、可持续的人居环境提供理论支撑和实践指导。

随着人们对生态文明建设的认识加深，相信本书的理念和方法在园林设计领域得到广泛应用。让我们携手，为保护自然、美化人类生活做出新贡献。

由于生态园林是一门庞杂、极具综合性的学科，加之时间仓促，笔者水平所限，本书难免存在不足之处，望广大读者批评指正。

目　录

第一章　生态园林概述

第一节　生态园林的定位

生态园林，有人称之为山水园林，是生态思想指导下的一种重要园林模式，是人类文明进步的标志，是 21 世纪园林发展和建设的需要。关于生态园林，目前还没有一个完整清晰的概念。本书认为可以从以下几个层面来理解生态园林：从生态哲学层面来看，生态园林的实质是实现人与自然的和谐，在和谐的基础上实现自身的发展；从生态经济学层面来说，生态园林不仅是量的增长，更注重质的发展，它要提高物质性资源的利用效率和再生能力；从生态文化层面考虑，生态园林崇尚生态伦理道德，倡导绿色文明，在建设中保持地域特色和文化艺术品位；从生态技术层面分析，生态园林以信息、新能源、新材料、生物等生态技术为核心，使物流、能流、信息流、生物流得到高效利用。总之，生态园林不是一种统一模式，而是城市园林建设和发展的目标，各个城市应针对自身的特点、条件、发展来制定相应的园林发展目标和对策。

生态是生物和环境之间的关系，它们是相互影响、相互制约的。园林的四大要素为地形、植物、建筑、水体。讲求园林生态即讲求这四个要素的生态。生态园林是指一个园林不仅符合我们当前的需要，而且协调人与自然环境之间的关系，更加注重"生态"这一因子的作用。换句话说，就是使园林创造了"高效、和谐的人类栖境"。作为园林及绿地学科而言，研究的总课题应该是如何最大限度地全面发挥园林及绿化的综合效益，即生态效益、社会效益和经济效益。其中，绿地的生态效益是首要的。绿地生态效益的发挥主要依靠绿色植物。作为风景园林规划设计者，不仅要掌握生态学的一般观点和实验数据，更主要的是如何运用专业手段去增强和发挥这些生态效益。在宏观方面，从园林绿地系统规划着手，根据各个地区环境的自然条件、气候条件合理地进行设计规划。针对当地不利的气候条件确定绿地功能的侧重面。而这四个要素中，植物的生态是最关键的。所谓生态园林，应是在园林建设当中，模仿自然生态景观，通过艺术加工，创造出既美观又具有降尘、降噪、放出氧气等多种生态功能的园林景观。

生态园林主要是指以生态学理论为指导（如互惠共生、生态位、物种多样性、互感作用等）所营造的园林绿地系统。在这个系统中，将乔木、灌木、草木和藤本植物因地制宜地配置在一个群落中，种群间相互协调，有复合的层次和相宜的季相色彩，具有不同生态特性的植物各得其所，能够充分利用阳光、空气、土地空间、养分、水分等，构成一个和谐有序、稳定的群落，是城市园林绿化工作最高层次的体现。人们保护自然生态环境、仿造自然环境，以谋求优良的生存环境，把园林绿化作为主要手段，因势利导地利用对城市生态环境有重大影响的有利因素，改造不利因素，从整治国土、促进生态平衡的高度全面绿化人类的生存环境，将园林绿化事业推向生态园林的新阶段。

生态园林的科学内涵主要体现在以下三个方面：

首先，依靠科学的配置，建立具有合理的时空结构、空间结构和营养结构的人工植物群落，为人们提供一个赖以生存的良性生态循环的生活环境。

其次，充分利用绿色植物，将太阳能转化为化学能，提高太阳能的利用率和生物能的转化率，调节小气候，吸收环境中的有毒有害气体，减少噪声，调节生态平衡。

最后，美化景观，在绿色环境中提高艺术水平、游览观赏价值、社会公益效益和保健休养功能，为人们提供更高层次的文化、游憩、娱乐需要和人们生存发展的绿色生态环境。

第二节 生态园林的特征

一、环境特征

植物所生活的空间叫作环境，任何物质都不能脱离环境而单独存在。一方面，园林植物与其他植物一样，在生长发育过程中除受自身遗传因子影响外，还与环境条件有密切的关系，这些环境条件包括温度、水分、光照、空气和土壤等因子。另一方面，园林植物在长期的系统发育过程中，对环境条件的变化产生各种不同的反应和多种多样的适应性。因此，只有深入了解组成环境的各个因素，以及它们与园林植物之间的相互关系，加以创造性运用，才能科学地配置园林植物，收到理想的园林效果。在进行生态园林绿化和植物造景时，应充分注意环境中各生态因子相互作用的基本规律。

环境中各生态因子对园林植物的影响是多方面的，也就是说植物生活在综合的环境因子中。单一的生态因子无论对园林植物有多么重要的意义，它的作用只有在其他因子的配合下才能显示出来，缺乏任何一个因子，如温度、空气、肥料（土壤）、水源，植物均不能生长。但各个因子所处的地位并非完全相同。对于起决定性作用的因子（即主导因）应该尤为注意。根据以上原则，在进行园林植物配置的时候就要考虑到植物的配置原则，即适地适树、功能要求、景观需求、经济要求。其中，"适地适树"原则要求人们在植物配置时先应该考虑到乡土树种的利用。很多地方在搞园林绿化时只求引进新鲜的树种，完全没有考虑到这种树种能否存活于此地，更不会想这个地方种此树种是否合适。

二、地形特征

（一）地形的重要性

地形特征即在园林设计时，在原来的土地上做出设计师所需要的土地形状。它是诸要素的基底和依托，是构成整个生态园林景观的骨架。而地形自然是在土地上形成的。土地是地貌、土壤、岩石、水文、气候、植被等各种自然因素长期相互作用以及受人类活动的影响所形成的自然综合体，具有数量有限、分布固定、产生随机等特点，因而容易受到破坏。荀子曾提出"得地则生，失地则死"①的关于保护土地资源的思想。在儒家看来，注意维持土地的使用价值，使它能够为人类永续利用，是人们保护土地资源的根本出发点。保护土地资源就是保护人类生存的基础，是生态园林设计的基础。正所谓"至哉坤元，万物资生，乃顺承天""坤厚载物，德合无疆""土敝则草木不长"，没有了土地的"生""载""养"，遑论什么园林设计。

地形、地貌是城市赖以存在的地理背景，也是生态园林规划师在生态园林建设中尊重和利用的自然生态要素。生态园林师首先要树立爱护土地、保护土地的生态理念；其次，在生态园林的设计中应该紧密融合具体的山形、丘陵、冈阜、盆地和平原，使自然形态的土地和人工建设的园林空间相互因借、彼此衬托，和谐完美地组合在一起，形成园林的艺术特色和人文个性。

（二）地形的作用

在进行生态园林建设的范围内，原有的地形往往是多种多样的：有的平坦，有的起伏，有的是山冈或沼泽，所以造屋、铺路、挖池、堆山、

---

① 荀子. 荀子·天论 [M]. 方达，评注. 北京：商务印书馆，2016：42.

排水、开河、栽植树木花卉等都需要充分利用或改造地形。地形地貌在生态园林中有以下作用：

1. 满足生态园林功能要求

园林中各种活动内容很多，景色也要求丰富多彩。地形应当满足各方面的要求，如游人集中的地方和体育活动的场所要平坦；登高远眺要有山冈高地；划船、游泳、养鱼、种藕需要河湖。为了避免不同性质的空间相互干扰，可利用地形遮蔽不甚美观的景物，防止狂风、大雪、飞沙等不良气候的危害等。

2. 改善种植和建筑物条件

利用地形起伏，改善小气候，有利于植物生长。地面标高过低或土质不良都不适宜植物生长。低洼地平时地下水位高，暴雨后容易积水，影响植物的正常生长，如种植湿生植物可留出部分低地。建筑物、道路、桥梁和驳岸护坡等不论在工程上或艺术构图上都对地形有一定的要求。要充分利用和改造地形，创造有利于植物生长和建筑的条件。

3. 解决排水问题

生态园林可利用地形排除雨水和各种污水、淤积水等，使其中的广场、道路及游览地区，在雨后短时间内恢复正常使用。利用地面排水，能节省地下排水设施。地面排水坡度，应根据地表情况及不同土壤性能来决定。

4. 依据地形地势塑造不同景观

园林景观及其周围的地形和地貌特征，常常是景观设计师着重利用的自然素材。城市景观的规划，与其所在的地域特征密切配合，通过精心设计，形成艺术特色。

自然地理状况，如高原地区、平原地区的景观格局，都极大地影响社会文化和人们的生活方式。因此，在分析地形、地貌时，应对该地区由于地理环境形成的地势、落差、地质结构的变化进行深入的分析，做到因地制宜。

地势对景观的创造有直接的影响。景观必须因地制宜，充分发挥原有的地势和植被优势，结合自然、塑造自然。

结合山巅而形成的景观在生态园林中十分重要。山峰在自然风景中一直是游人观赏景色的制高点。居高临下，可纵目远眺，所以山峰的景观塑造应以亭、塔这种向上式的建筑为主，加强山势的纵深感，与山势相协调。

山顶景观的魅力还体现在控制风景线，规范空间，成为人们观赏的视觉中心。景观的造型在尺度和动势上与自然景观默契配合，丰富了自然景区中的人文景观，使人、景、园路三者之间交融紧密。

以山脊地势而形成的景观，由于山脊特有的地势特点，可以观赏山脊两面的景色。群山环抱、云峰缥缈、形势险峻，常常是景观设计师所追求的地势环境。

以山腰地势而创造的景观，因山腰规模较大、视野开阔，地理与气候条件都比较好，再加上地势具有丰富的层次感，故山腰地带也常常为园林建筑所选用。

因峭壁而形成的"险""奇"感受迷人。它们以插入洞穴中的悬梁为基础，木梁、主柱、斜撑相互连接成一个整体。建在峭壁上的建筑多采用竖向型的设计，与整个自然地势相呼应，多采用层层叠落的形式语言，制造高耸挺拔的效果，给人独特的艺术体验。

深邃、幽静的峡谷景观也别具特色。峡谷的地势以高山夹峙，中间有山泉流水、繁茂的植物、清新的空气，是追求深邃、幽静的人们所向往的。

落差是地势变化的另一种表现形式。落差形成的层次感，极大地丰富了景观设计语言，创造了很有特色的设计手法。

"跌"景是落差地势而形成层层跌落的表现形式。由于地势的层层下跌，景观也层层下落，多用于纵向垂直于等高线的布置形式，具有强烈的节奏感和韵律感。

（三）地形设计的原则和步骤

1. 原则

园林地形利用和改造应全面贯彻"实用、经济、美观"的原则。根据园林地形的特殊性，应做到如下四点：

（1）利用为主，改造为辅。在进行园林地形设计时，常遇到原有地形并不理想的情况。这就应从原地形现状出发，结合园林绿地功能、工程投资和景观要求等条件综合考虑设计方案。

（2）因地制宜，顺其自然。利用地形，要就低挖池，就高堆山。园林面积较小时，挖池堆山不要占用较多的地面，否则供游人活动的陆地就会太少。地形改造要与周围环境相协调，如闹市高层建筑区不宜堆较高土山。

（3）坚持节约。在目前技术条件下改造地形是造园经费开支较大的项目，尤其是挖湖堆山所耗的人力物力大，因此必须根据需要和可能，全面分析，多做方案，进行比较，使土方工程量达到最小限度。充分利用原有地形，要尽量保持原有地面的种植表土，为植物生长创造良好条件。要尽可能就地取材，充分利用原地的山石、土方。挖湖堆山要结合进行，使土方平衡，缩短运输距离，节省经费。

（4）符合自然规律与艺术要求。对地形、地貌的利用和改造要符合自然规律，要认真考虑土壤的物理特性、山的高度与土坡斜面的关系以及对岸坡度是否合理等问题。确保工程稳定牢固，避免发生崩塌。不能只要求艺术效果而不顾工程质量。同时要使园林的地形地貌合乎自然山水规律，力求使园中的岩壑峡谷、平冈小阜、飞瀑涌泉、湖池溪流等诸景达到"虽由人作，宛似天开"的境界。

2. 步骤

（1）收集园林用地及附近的地形图。地形设计的质量在很大程度上取决于地形图的准确性。一般城市的市区与郊区都有测量图，但时间长了，图纸与现状出入较大，需要补测。注意那些要加以保留和利用的地形、水体、建筑、文物、古迹、植物等，为地形设计提供参考。

（2）收集市政建设各部门的道路、排水、地上地下管线及其与附近主要建筑的关系等资料，以便合理解决可能发生的矛盾。

（3）收集园林用地及其附近的水文、地质、土壤、气象等现况和有关历史资料。

（4）了解当地施工力量，包括人力、物力和机械化程度。

（5）现场踏勘。根据设计任务书对地形提出的要求，在掌握上述资料的基础上，设计人员要现场调查，对资料中的错误和遗漏之处加以改正和补充。

（四）园林景观地形设计

1. 改变立面形象

绿地与城市在选地标准上略有差别，在容易遭受污染或不适于大规模建设的地方，如水源保护区和坡地上，布置绿地反而比较适合。最适于城市发展的大面积平地，景色单调，缺乏尺度感，人工建筑物的出现对改善上述情况有很大的作用，园林环境应与之配合，形成建筑空间与绿化空间、建筑构筑与绿化材料的有机组合，增加趣味焦点。园林在平地上应力求变化，通过适度填挖形成微地形起伏，使空间立体化，从而达到吸引欣赏者注意的目的。阶梯、台地也能起到同样的作用。高台地下应设亭、榭，否则会在整体上使自然气氛受到影响。跌落景墙、高低错落的花台有条件可配合植物材料加以运用。尤其在入口处高差变化，有助于产生界限感，栅栏、街灯，甚至附近的高架桥，都可被用以界定空间。平地造园还应注意烘托环境和利用水面，再现建筑、植物、蓝天、白云。

2. 合理利用光线

光线的变化会给人不同的感受。正光下的景物缺乏变化，较为平淡。早晨的侧光会产生明显的立体感。虽然由于植物一夜的呼吸作用，早晨其周围的二氧化碳含量增加，空气并不如通常想象得那么清新，但建筑、树木仍可给遛早的人们留下新鲜的印象。海边光线柔和，使景物"软化"，有缥缈的意境。陆地低角度光可使远物清晰易辨，富于雕塑感。如果光的方向改变为由下向上照射，会产生戏剧效果，夜晚，在建筑、雕塑、广场等重点地段可借此吸引人流。山洞的采光孔如设在下面，常常给人神秘的感觉。

3. 创造心理气氛

在通常情况下，地形的朝向、坡度能对附着其上的要素产生直接的影响。在城市里，从古代庭园内的掇山，到现代公园常用的挖湖堆山，无不表明地形上的变化历来对自然气氛的创造起着重要的作用。

为了和山林泉水等自然景物相协调，在多数情况下应打破平整感，重点地段强化高低对比，其他地区尽可能做微地形处理。除了某些庄严整齐、人工气氛浓烈的建筑、广场周围可以不做或少做起伏变化外，绝大多数绿化环境要尽量避免给人以平板一块的印象。

4. 合理安排视线

在园林的地形设计上要动静衬托、高低对比、掩露相间、互相配合。这样草坪面积越大，坡向的变化越灵活，效果越好。

5. 改善游人观感

在大多数公园和花园里，草坪所代表的平地绿化空间所占面积最多，时刻对园林气氛产生着影响。草坪要有一定的坡度，但如果过分追求坡度变化而大动土方是不够经济的。1% 的坡度已能够使人感觉到地面的倾斜，同时可以满足排水的要求。如坡度达到 2% ～ 3%，会给人以较明显的印象。如原地形平整而全凭施工才能造成地形变化，设计坡度便可将其作为参照标准以兼顾美观、经济两个方面，这就是常说的微地形处理。4% ～ 7% 的坡度是草坪中常见的。城市中除公园外，街道绿地、居住区绿地等的地形处理还不够普遍。住宅建筑"千人一面"，有时甚至让人迷失方向。很多人要求种植"认门树"，事实上如果地形、植物各具特色，共同组成一个丰富多彩的外部空间，就能解决问题。坡度在 8% ～ 12%，称为缓坡。陡坡的坡度大于 20%，一般是山体即将出现的前兆。无论哪种类型的坡地，都会对游人活动产生某些限制，各种工程设施也不像在平地上可以随意布置而要同等高线相平行。在坡度超过 40% 时，常常需要设置挡土墙，以免发生崩塌。一般土坡坡度不大于 20%，草坪坡度控制在 25% 以内。虽然坡地会给人们活动带来一些不便，但若加以改造利用，往往使地形富于变化，从而造成运动节奏的改变。人在起伏的坡地上高起的任何一端都能方便地观赏坡地和对坡的景物。坡底是两坡间视线最为集中的地方，因而适于布置活动者希望引人注目的内容，如旱冰、滑冰、健美操，或者作为儿童游戏场地，易于家长看护。

三、水体特征

（一）水体的作用

古人早就提出了"往来井井""涣其群，元吉"的有关保护水资源的思想，可见水的重要性。水循环是整个地球系统中生物地球化学循环的重要组成部分，水是生命存在的重要生态条件，也是人类生产和生活的重要资源。它是生态园林中最活跃的要素，极富变化和表现力，常赋园林以生机。在生态园林设计中，若没有了水体，必然导致植物枯萎、自然景观丧失。

生态园林在水资源的利用上，主要体现为"水景生态化"，即用生态学的观点来处理水体的造景，水体景观不但要在景观上富于水的情趣和美感，而且要求水体洁净，水生植物和水生动物共生，具有可持续特征，在较少或没有人工干涉的情况下，水景能够得以保持，随着水体生态系统的发展而发展。水景可分为动态、静态两大类：静态的水景平静、幽深、凝重，其艺术构图以影为主；动态的水景则明快、活泼、多姿，以声为主，形态丰富多样，形声兼备。在生态园林中，水景无论是静态还是动态，多来自大自然。

水体是生态园林中给人以强烈感受的因素，甚至能使不同的设计因素与之产生关系并形成一个整体。只有了解水的重要性并能创造出各种不同风格的水体，才能为全园设计打下良好的基础。水能使景物生动起来，从而打破空间的封锁，产生倒影等艺术效果。

水是生态园林中生命的保障，它使园中充满生机。水是净化环境的工具，可以湿润空气，调节气温，吸附空气中的灰尘，有利于游人的健康。水还可用于灌溉和消防。在炎热的夏季，水分蒸发可使空气湿润凉爽，水面低平可引清风吹到岸上，故石涛在《话语录》中有"夏地树常荫，水边风最凉"之说。水和其他要素配合，可以产生丰富的变化。只要有水，园中就会焕发出勃勃生机。山水相依，才能令地形变化动静相参，丰富完整。另外，可以养鱼种藕，进行各种水上运动。

（二）水体的处理

园林中人工所造的水景，多是就天然水面略加人工或依地势"就地凿水"而成。水景分为动水和静水两种。动水包括河流、溪涧、瀑布、喷泉、壁泉等；静水包括水池、湖沼等。水景按照自然和规则程度可分为自然式水景和规则式水景。自然式水景包括河流、湖泊、池沼、泉源、溪涧、涌泉、瀑布等；规则式水景包括规则式水池、喷泉、壁泉等。下面对园林中的水景进行介绍。

1. 河流

在园林中利用河流时，应结合地形，不宜过分弯曲，河岸应有缓有陡，河床有宽有窄，空间上应有开朗和锁闭。造景设计时要注意河流两岸风景，尤其是当游人泛舟于河上时，要有意识地为其安排对景、夹景和借景，留出一些好的透视线。

2. 溪涧

自然界中，通过山体断口而夹在两山间的流水为涧。一般习惯上"溪""涧"通用，常以水流平缓者为溪，湍急者为涧。溪涧之水景，以动水为佳，且宜湍急，上通水源，下达水体。在园林中，应选陡石之地布置溪涧，平面上要求蜿蜒曲折，竖向上要求有缓有陡，形成急流、潜流。

3. 瀑布

从河床纵剖面陡坡或悬崖处倾泻而下的水为瀑，远看像挂着的白布，故谓之瀑布。国外有人认为陡坡上形成的滑落水流也算作瀑布，它在阳光下有动人的光感。笔者所指的是因水在空中下落而形成的瀑布。

水景中最活跃的要数瀑布，它可独立成景，形成丰富多彩的效果，在园林里常见。瀑布可分为线瀑、挂瀑、飞瀑、叠瀑等形式。瀑布口的形状决定了瀑布的形态。如线瀑水口窄，帘瀑水口宽。水口平直，瀑布透明平滑；水口不整齐，会使水帘变绉；水口极不规则时，水帘将出现不透明的水花。现代瀑布可以让光线照在瀑布背面，流光溢彩，引人入胜。天气干燥炎热的地方，流水应在阴影设置；阴天较多的地区则应在阳光下设置，以便人接近甚至进入水流。叠瀑是指水流不直接落入池中而是经过几个短的间断叠落后形成的瀑布，它比较自然，充满变化，最适于与假山结合模仿真实的瀑布。设计时要注意承水面不宜过多，应上密下疏，使水最后保持足够的跌落力量。叠落过程中水流一般可分为几股，也可以几股合为一股。在大的风景区中，常有天然瀑布可以利用，但一般的园林，就很少有了。所以，如果经济条件许可又非常需要，可结合叠山创造人工小瀑布。人工瀑布只有在具有高水位置或人工给水时，才能运用。

瀑布由上流（水源）、落水口、瀑身、瀑潭、下流五部分构成。瀑布下落的方式有直落、阶段落、线落和左右落等之分。瀑布附近的绿化，不可阻挡瀑身，因此瀑布两侧不宜配置高耸树形和垂直的树木。在瀑身3～4倍距离内，应做空旷处理，以便游人能在适当距离内欣赏瀑布。对游人有强烈吸引力的瀑布，应在适当地点专设观瀑亭。

4. 喷泉

地下水向地面上涌为泉，泉水集中、流速大者可称涌泉、喷泉。

园林中，喷泉往往与水池相伴，它布置在建筑物前、广场的中心或闭锁空间内部，作为一个局部的构图中心，尤其在缺水的园林风景焦点上运用喷泉，能达到较高的艺术效果。喷泉有以下水柱为中心的，也有以雕像为中心的，前者适用于广场以及游人较多的场所，后者则多用于宁静地区。喷泉的水池形状大小可以多种多样，但要与周围环境协调。

喷泉的水源有天然的，也有人工的。天然水源即在高处设储水池，利用天然水压使水流喷出；人工水池则利用自来水或水泵推水。处理好喷泉的喷头是形成不同水景的关键之一。喷泉出水的方式可分为长流式和间歇式。近年来，随着光、电、声波和自控装置的发展，在国外有随着音乐节奏起舞的喷泉柱群和间歇喷泉。我国于1982年在北京石景山区古城公园成功装置了自行设计的自控花型喷泉群。

喷泉水池之植物种植，应符合功能及观赏要求，可选择慈姑、水生鸢尾、睡莲、水葱、千屈菜、荷花等。水池深度因种植类型而异，一般不宜超过 60 cm，可用盆栽水生植物直接沉入水底。喷泉在城市中得到广泛应用，与静水形成对比，在缺乏流水的地方和室内空间可以发挥很大的作用。

5. 壁泉

其构造分壁面、落水口、受水池三部分。壁面附近墙面凹进一些，用石料做成装饰，有浮雕及圆雕。落水口可用兽形、人物雕像或山石来装饰。其落水形式需依水量之多少来决定。水多时，可设置水幕，使其成片落水；水少时呈柱状下落；水更少时则淋落、点滴落下。目前壁泉已被运用到建筑的室内空间中，增加了室内动景，颇富生气。

6. 湖池

湖池有天然、人工两种。园林中湖池多就天然水域略加修饰或依地势就地凿水而成，沿岸因境设景，自成天然图画。湖池水位有最低、最高与常水位之分，植物一般种于最高水位以上，池周围种植物应留出透视线，使湖岸有开有合、有透有漏。

（三）水体中的地形和建筑

堤、岛等水路边际要素在水景设计中占有特殊的地位。心理学上认为，不同质的两部分，在边界上信息量最大。四面环水的水中陆地称岛。岛可以划分水面空间，打破水面的单调，对视线起抑障作用，避免湖岸秀丽风光一览无余；从岸上望湖，岛可以作为环湖视线的焦点，登岛可以环顾四周湖中的开阔景色和湖岸上的全景。此外，岛可以增加水上活动内容，吸引游人前往，活跃湖面气氛，形成水面的动景。

岛可分为山岛、平岛和池岛。山岛突出水面，有垂直的线条，配以适当建筑，常成为全园的主景或眺望点。平岛给人舒适方便、平易近人的感觉，其形状很多，边缘大部平缓。池岛往往形成"湖中有岛，岛中有湖"的美景，此种手法在面积上壮大了声势，在景色上丰富了变化，具有独特的效果。

岛可分隔水面，它在水中的位置切忌居中，忌排比，忌形状端正，多居于水面偏侧。岛的数量以少而精为佳，只要比例恰当，一两个足矣，但要与岸上景物相呼应。岛的形体宁小勿大。

"登泰山而小天下"这句话说明了视点越高越适于远眺，大空间内的高大桥梁不仅可以成景，也是得景的有力保障。大水面可以行船，桥如无一定高度就会起阻碍作用。小园中不可行船，水景以近赏为主，不求"站得高，看得远"，而需低伏水面，才可使所处空间有扩大的感觉。这样荷花、金鱼均可细赏，如同漫步于清波之上。桥之低平和水边假山的高耸还可形成对比。当两岸距离过长或周围景物较好可供观赏时，常用曲桥满足需要。桥不应将水面等分，最好在水面转折处架设，有助于营造深远感。水浅时可设汀步，它比桥更随意自然，其排列应有变化，数目不宜过多。如果水面较宽，应使驳岸探出，相互照应，形成视角，缩短汀步占据的水面长度。桥的立面和倒影有关，如半圆形拱桥和倒影结合会形成圆框，在地势平坦、周围景物平淡时可用拱桥丰富轮廓。

小环境中的堤、桥已不再概念化，弯曲宽窄不等往往显得活泼、流畅。堤既可将大水面分成不同风格的景区，又是便捷的通道，故宜直不宜曲。为便于两侧水体沟通、行船，长堤中间往往设桥，这丰富了景观，弥补了因堤过于窄长而容易使人感到单调的不足。堤宜平、宜近水，不应过分追求自身变化。石岛应以陡险取胜，建筑常常布置在最高点的东南位置上，建筑和岛的体积宁小勿大。土岛应缓，周围可密植水生植物，保持野趣，令景色亲切宜人。

坡岸宜圆润，不似石岛嶙峋参差。庭园中的水池内如设小岛会增添生气，还可筑巢以引水鸟。岛不必多，要各具特色。有时人在水棚内反而觉得热，这是因为人同时吸收阳光直射和水面反射阳光带来的热量，除了改进护栏外，在不影响倒影效果的情况下，可在亭边种植荷花、睡莲等植物，近水岸边种植分枝点较低的乔木，设置座椅以便人们坐卧纳凉。

第三节　生态园林的功能

生态园林的功能是多重的，概括起来大致有如下几个方面：

一、调节小气候

巴滕（L. J. Batten）认为，小气候主要是指从地面到 10 ~ 100 m 高度空间内的气候。这正是人类生活和植物生长的区域。人类的生产、生活和植物的生长、发育都深刻地影响着小气候。

生态园林中的植物叶面具有蒸腾作用，能调节气温和湿度，吸收太阳辐射所产生的热量，对改善城市小气候具有积极的作用。研究资料表明，当夏季城市气温为 27.5℃ 时，草坪表面温度仅为 20 ~ 24.5℃，比裸露的地面低 6 ~ 7℃，比柏油马路低 8 ~ 20.5℃；而在冬季，铺有草坪的足球场表面温度比裸露的球场表面温度高 4℃ 左右。

由于绿色植物具有强大的蒸腾作用，不断向空气中输送水蒸气，因此可以提高空气湿度。有关资料证明，绿地的相对湿度比非绿化区高 10% ~ 20%，行道树也能提高相对湿度 10% ~ 20%。

城市的带状绿地，如道路绿化与滨、江、湖绿地，是城市的绿色通风走廊，可以将自然气流引入城市内部。

城市园林植被作为城市中宝贵的绿色资源，通过其叶片大量蒸腾水分而消耗城市的辐射热，树木枝叶形成的浓荫可以阻挡太阳的直接辐射和来自路面、墙面、相邻物体的反射，产生降温增湿效益，减少居民由于干热环境而引起的多种疾病的发生，提高居民的健康水平、生活舒适度和生活质量效益。

二、改善环境质量

（一）吸收二氧化碳，放出氧气，维持碳氧平衡

城市园林植被通过光合作用释氧固碳，除去在城市低空范围内从总量上调节和改善城区碳氧平衡状况中发挥其重要作用外，在城市中就地缓解或消除局部缺氧、改善局部地区空气质量的作用显得尤为重要。园林植被的这种功能，是在城市环境这种特定的条件下其他手段所不能替代的。

（二）吸收有毒有害气体

污染空气和危害人体健康的有毒有害气体种类很多，主要有 SO_2、NO_2、Cl_2、HF、NH_3 等，在一定浓度下，有许多种植物对它们具有吸收和净化作用。研究表明：当 SO_2 通过树林时，浓度明显降低，每公顷柳杉林每年可吸收 720 kg SO_2。臭椿、夹竹桃、罗汉松、银杏、女贞、广玉兰、龙柏等都有较强的吸收能力。

（三）吸滞粉尘

植物，尤其是树木，对粉尘有明显的阻挡、过滤和吸收作用。由于树木有巨大的树冠，叶片分泌黏性的油脂，使得树木具有滞尘作用。园林植被对粉尘具有截留和吸收作用，从而起到减尘的功效。

园林植被通过降低风速的减尘效应已为前人大量研究所证实，其效应的大小同植被的种植结构密切相关。园林植被枝叶对粉尘的截留和吸收是暂时的，随着下一次降雨的到来，可将粉尘冲洗到土壤中，在这个间隔时期内，有的粉尘可因风力或其他外力的作用而重新返回空气中。不同植物的滞尘能力和滞尘积累量也有差异，因此园林植被的滞尘作用具有一定的"可塑性"。

乔木、灌木、草组成的复层结构不仅由于绿量较高可以滞留较多的粉尘，还可以在枝叶截留的粉尘因风力而重返空气中时，为再次截留粉

尘、净化空气提供条件。

（四）杀菌作用

由于绿地上空粉尘少，从而减少了黏附其上的细菌；另外，许多植物本身能分泌一种杀菌素，因而具有一定的杀菌能力。据法国学者测定，在百货商店 1 m^3 空气中，含菌量高达 400 万个，林荫道为 58 万个，公园内为 1 000 个，而林区只有 55 个。在城市环境条件下，园林植被通过其枝叶的吸滞、过滤作用减少粉尘（作为细菌的载体）从而减少城市空气中细菌含量的功能应引起足够重视。

城市园林绿地的减菌作用具有两面性。在绿地卫生条件不好和过于阴湿的条件下，细菌滋生繁殖，含菌量呈上升趋势，而且细菌量同人流量的大小成正比。在适宜的条件下，绿地减菌的正作用大于负作用，提高绿化覆盖率有利于减少空气含菌量，所以应该合理安排乔木、灌木、草的配植比例，保证一定的通风条件，避免产生有利于细菌繁殖的阴湿小环境。同时，根据城市绿地的卫生状况，加强绿地卫生工作的管理。

（五）降低噪声

植物，特别是林带，对降低噪声有一定的作用。据测定，40 m 宽的林带可以降低噪声 10 ～ 15 dB，30 m 宽的林带可以降低噪声 6 ～ 8 dB，4.4 m 宽的绿篱可降低噪声 6 dB。园林植物的减噪效应，往往受到噪声源和一定空间距离的局限，更多地表现为局部效应。

（六）减污效应

城市中化工燃料燃烧过程产生大量的二氧化硫，工业生产、汽车尾气等产生空气污染的物质，已成为影响城市环境质量的重要因素。园林植物在其生命活动的过程中，主要通过呼吸作用，将有毒气体转化为无毒的物质，起到净化空气的作用，应受到足够重视。

第四节　生态园林的建设与调控

可持续是城市发展的基本特征。保持生态平衡，维护优良适宜的城市环境，是城市可持续发展的核心内容及基本条件。城市环境的可持续发展是城市可持续发展的基础和前提。

城市可持续发展没有固定的模式，不同国家、不同发展阶段的城市可以根据自己的实际情况实施相应的可持续发展战略。比如，美国、英国、丹麦等发达国家有其典型的"可持续发展城市"或"绿色城市"。

一、生态城市的概念和内涵

随着人类社会的不断进步，对人与自然关系认识的不断升华，生态城市是在联合国教科文组织发起的"人与生物圈"（MAB）计划研究过程中提出的一种理想城市模式。它从生态学角度出发，构筑一个面向未来的、崭新的城市发展模式，代表着国际城市可持续发展的方向。

（一）生态城市的概念

生态城市，英文是"ecocity"，由"生态学"（ecology）和"城市"（city）复合而成，即一个生态健康的城市。生态城市是在乌托邦、花园城等理想城的基础上发展而来的人类理想的聚居模式。

目前世界上还没有真正意义上的生态城市，其理论尚在发展中，因此关于生态城市一直没有明确的概念界定。许多专家学者从不同的角度做过相关阐述。

苏联园林生态学家杨诺克斯基（O. Yanistky）于 1987 年首次对生态城市的概念进行了定义：生态城市是指按照生态学原理建立的一种社会、经济、自然协调发展，物质、能量、信息高效利用，生态良好循环，技术与自然充分融合,人的创造力、社会生产力得到最大限度的发挥与发展,居民的身心健康与环境质量得到维护,生态、高效、和谐的人类聚居新环境。其包含三个层次的内容:第一,自然地理层,即城市人类活动的自发层次,是园林生态位自适应、开拓、竞争和平衡的过程,最终达到地尽其利,物尽其用;第二,社会功能层,重新调整城市的结构及功能,改善子系统之间的冲突关系,增强城市这个有机体的共生能力;第三,文化意识层,旨在增强人的生态意识,变外在控制为内在调节,变自发为自为。

美国生态建筑学家理查德·瑞杰斯特(Richard Register)认为,生态城市是生态方面健康的城市。它寻求的是人与自然的健康和谐发展,并希望它们充满活力与持续力。

美国学者罗斯兰德(Roseland)认为,生态城市概念的含义涵盖了可持续城市发展、健康社区、社区经济开发、优良技术、生物区域主义、土著人世界观、社会生态等方面的内容。

我国城市规划专家黄光宇认为,生态城市是根据生态学原理,综合研究社会—经济—自然复合生态系统,并用生态工程、社会工程、系统工程等现代科学与技术手段而建设的社会、经济、自然可持续发展、居民满意、经济高效、生态良性循环的人类住区。生态城市包含社会生态化、经济生态化、自然生态化,社会—经济—自然复合生态化等方面的含义。

陈予群认为,生态城市是指在一个城市的行政区域内,从城市所属地区的自然资源情况出发,以人与自然的和谐为核心,以园林生态环境作为制约因素,以促使城市经济持续发展为前提,使生产力的提高有利于城市建设协调发展的人工复合系统,城市环境清洁、优美、舒适。

对于生态城市的概念,不同的专家有不同的看法,但总体来说都肯定了生态城市是城市可持续发展的高级模式。即生态城市是以本地区资源环境条件为基础,以本地区经济发展水平为条件,运用园林生态学原理,在可持续发展理论、园林生态规划理论和耗散结构理论指导下城市建设有序发展的高级阶段。

生态城市是园林生态化发展的结果，简单地说，它是社会和谐、经济高效、生态良性循环的人类住区形式，自然、城市、人融为有机整体，形成互惠共生结构。生态城市的发展目标是实现人与自然的和谐（包含人与人和谐、人与自然和谐、自然系统和谐三方面内容），其中追求自然系统和谐、人与自然和谐是基础条件，实现人与人和谐才是生态城市的目的和根本所在，即生态城市不仅能"供养"自然，而且能满足人类自身进化、发展的需求。

"生态城市"的提出及其在实践中的尝试具有重要而深远的意义。它不仅仅是一种理论和实践创新，更重要的是它为人类摆脱生态危机提供了新的思想和对策，将对整个人类社会的发展进程产生积极的作用，特别是将为人类住区的建设和发展开辟广阔的前景。

（二）生态城市的内涵特点

生态城市作为一种全新的城市发展方案，其发展的形式灵活，不拘一格，但却总能体现其内涵特点：

（1）人与自然协调发展。生态城市从实现城市经济、社会和环境的可持续发展出发，通过提高人口质量和保护自然环境，达到"城市自然环境"的高度优化，以谋求人与自然的协调发展。

（2）城市物质生产向"生态化"发展。建设生态城市，就是谋求社会、经济和自然的协调，谋求人与环境的共同进步。必须从保护环境出发，实现城市工农业生产的"生态化"，要求人把现代的科技成果与传统的生产技术精华相结合，建立具有生态合理性的工农业生产体系，使各种资源得到充分利用和保护。

（三）生态城市与园林生态的关系

二者的共同点：符合生态学和系统论原理。

不同点：①园林生态是研究其组成系统之间的关系及其调控的科学。

②生态城市是运用园林生态理论建立起来的生态系统单元组合及其环境，以循环经济为主要特征，代表当今城市可持续发展的最高境界。

未来的生态城市是一个经济发达、社会繁荣、生态保护三者保持高度和谐，技术与自然充分融合，城乡环境清洁、优美、舒适，从而能最大限度地发挥人的创造力与生产力，并有利于提高城市文明程度的稳定、协调、持续发展的人工复合系统。

我国提出的"绿色城市""园林城市""森林城市""环保城市""健康城市""山水城市"等概念反映了生态城市的观念与内容，当下提出的"智慧城市"从某方面涵盖了生态城市的广义生态观。

二、生态城市理论框架及特征标准

（一）生态城市建设的理论基础

任何一种城市建设的模式与城市化道路的选择，都有一定的理论基础作为支撑。理论基础是实践活动的基石，对实践活动起着指导作用。生态城市建设的理论依据，主要有城市可持续发展理论、园林生态学理论和园林生态规划理论及耗散结构理论等。

1. 园林生态学原理

从宏观角度讲，园林生态学是对城市自然生态系统、经济生态系统、社会生态系统之间关系进行研究，把城市作为以人类为主体的人类生态系统来加以考察。

当代园林生态学的研究途径之一是从生态系统的理论出发，研究园林生态系统的特点、结构、功能的平衡及其在空间形态上的分布模式与相互关系。园林生态学强调城市中自然环境与人工环境、生物群落与人类社会、物理生物过程与社会经济过程之间的相互作用，同时把城市作为整个区域范围内的一个有机体，揭示城市与其腹地在自然、经济、社会诸方面的相互关系，分析同一地区的城市分布与分工合作以及规模、功能各异的人类聚落间的相互关系。

园林生态学原理在生态城市建设过程中的应用，体现在从生态学的角度去探索城市人类生存所必需的最佳环境质量，运用园林生态系统中物质与能量运动的规律，自觉地调节物质与能量运动中的不平衡状态，同时运用先进的科学方法和技术手段，充分合理地利用自然资源，使园林生态系统最低限度地排出废弃物。园林生态学原理是建立园林生态模型的依据，为城市总体规划服务。

2. 可持续发展理论

可持续发展理论强调的是社会、经济、环境的协调发展，追求人与自然、人与人之间的和谐。城市可持续发展理论是可持续发展理论在城市领域的应用，是在充分认识城市在其发展历史中的各种"城市病"及原因的基础上，找到的一种新的城市发展模式，在强调社会进步和经济增长的重要性的同时，注重城市质量的不断提高，包括城市的环境质量、园林生态结构质量、城市建筑的美学质量、城市的精神文化氛围质量等方面，最终实现城市社会、经济、生态环境的均衡发展。

从城市可持续发展理论的内涵可以看出，它与人们所要建设的生态城市的要求在本质上是一致的，因此生态城市建设一定要遵从城市可持续发展理论。城市可持续发展理论与生态学原理结合，能够给予生态城市建设丰富的内涵，能够促进城市这个人工复合生态系统的良性循环。

3. 园林生态规划理论

园林生态规划是运用系统分析手段、生态经济学知识和各种社会、自然、信息、经验，规划、调节和改造城市各种复杂的系统关系，在城市现有的各种有利和不利条件下寻找扩大效益、减少风险的可行性对策所进行的规划，包括界定问题、辨识组分及其关系、适宜度分析、行为模拟、方案选择、可行性分析、运行跟踪及效果评审等步骤。

园林生态规划致力于城市各要素间生态关系的构建及维持，目标强调园林生态平衡与生态发展，认为城市现代化与城市可持续发展亦依赖于园林生态平衡与园林生态发展。

园林生态规划首先强调协调性，即强调经济、人口、资源、环境的协调发展，这是规划的核心所在；其次强调区域性，这是因为生态问题的发生、发展及解决都离不开一定区域，生态规划是以特定的区域为依据，设计人工化环境在区域内的布局和利用；最后强调层次性，由于园林生态系统是个庞大的网状、多级、多层次的大系统，决定其规划有明显的层次性。

4. 耗散结构理论

如果系统要向有序的方向发展，远离平衡态，就必须处于耗散结构状态。一个系统要处于耗散结构，就要符合以下几个条件：开放系统、远离平衡态、非线性结构、涨落。在耗散结构里，在不稳定之后出现的宏观有序是由最快增长的涨落决定的，在远离平衡的非线性区，涨落起着完全相反的非平衡相变触发器的作用，即随机的小涨落通过相关的作用不断增加形成"巨涨落"，使系统从不稳定状态进入一个新的稳定的有序状态，随时间的变化，新的状态又变得不稳定，又可以通过涨落形成更有序的结构，即耗散结构。如此循环往复，使系统不断地向更有序的方向发展。

园林生态系统是社会发展到一定历史阶段的产物，是一个开放的复杂的巨系统。耗散结构理论在理论上能够判断一个城市是否处于有序状态，能否持续性发展。但是，在实际应用中，很少用耗散结构理论来判断城市的发展，因为园林生态系统中物流、能流的输入输出复杂，不容易判断，难以定量化描述。

（二）生态城市的特征标准

1. 生态城市的基本特征

（1）和谐性。生态城市的和谐性，不仅反映在人与自然的关系上，即自然与人共生，人回归自然、贴近自然，自然融于城市，更体现在人与人的关系上。现在的人类活动促进了经济增长，却没能实现人类自身的同步发展，生态城市是营造满足人类自身进化所需要的环境，拥有强有力的互帮互助的群体，富有生机与活力，生态城市不是一个用自然绿色点缀而僵死的人居环境。和谐性是生态城市的核心内容。

（2）高效性。生态城市一改现代城市建设中"高能耗""非循环"的运行机制，提高一切资源的利用效率，物尽其用，地尽其利，人尽其才，各施其能，各得其所，物质、能量得到多层次分级利用，废弃物循环再生，各行业、各部门之间注重协调联系。

（3）持续性。生态城市是以可持续发展思想为指导的，兼顾不同时间、空间，合理配置资源，公平地满足现代与后代在发展和环境方面的需要，不因眼前的利益而用"掠夺"的方式促进城市暂时的"繁荣"，保证其发展的健康、持续和协调性。

（4）整体性。生态城市不单单追求环境优美或自身的繁荣，而是兼顾社会、经济、环境三者的整体效益；不仅重视经济发展与生态环境协调，更注重人类生活质量的提高，它是在整体协调的新秩序下寻求发展的。

（5）地方性。生态城市应和其所处的地理、自然、社会环境相统一，突出地方特色，避免追求发展模式的雷同。

（6）区域性。生态城市本身即一个区域概念，是建立在区域平衡基础上的，而且城市之间是相互联系、相互制约的，只有平衡协调的区域才有平衡协调的生态城市。生态城市是以人—自然和谐为价值取向的，就广义而言，区域观念就是全球观念。

（7）全球性。要实现这一目标，就需要人类共同合作，共享技术与资源，形成互惠共生的网络系统，建立全球生态平衡。全球性映衬出生态城市是具有全人类意义的共同财富。

2. 生态城市的主要标志

①生态环境良好，污染基本消除，资源合理利用；②具有稳定的生态安全保障体系；③环保法律、法规、制度有效贯彻执行；④循环经济迅速发展；⑤人与自然和谐共存；⑥生态文明蔚然成风；⑦环境整洁、优美，人民生活水平提高。

其中，安全、和谐的生态环境是生态城市的基本保障；高效率的城市产业体系是生态城市的必要条件；高素质的城市文化是生态城市的根本动力；以人为本的城市景观是生态城市的形象标志。

3. 生态城市的建设标准

生态城市的核心思想是它的区域整体观和可持续的生态社会发展，衡量生态城市的标准应当充分体现这一核心思想。从这一思想出发，人们认为未来的生态城市应当解决好人与自然的关系、城市与区域的关系、经济发展与环境保护的关系，根本是人与自然的关系。人与自然和谐共处是生态城市的基本标准。另外，还有经济高效率、生活高质量等标准。生态城市的创建标准（目标）应通过社会生态、经济生态、自然生态三方面来确定。

1992年在联合国世界环境与发展大会举行的"未来生态城市"高峰论坛与规划设计展览上，黄光宇提出了创建生态城市的十条评判标准：

（1）广泛应用生态学原理规划建设城市，城市结构合理、功能协调，所在区域对其有持久支持能力，与区域的可持续发展能力相适应。

（2）保护并高效利用一切自然资源与能源，产业结构合理，实现清洁生产。

（3）采用可持续的消费发展模式，实施文明消费，物质、能量利用率及循环利用率高，消费效益高。

（4）有完善的社会设施和基础设施，生活质量高。

（5）人工环境与自然环境相融合，环境质量高，符合生态平衡的要求。

（6）生态（健康）建筑得到广泛应用，有宜居的建筑空间环境。

（7）保护和继承文化遗产并尊重居民的各种文化和生活习性。

（8）居民身心健康，生活满意度高，有一个平等、自由、公正的社会环境。

（9）居民有自觉的生态意识（包括资源意识、环境意识、可持续发展意识等）和环境道德观，倡导生态价值观、生态哲学和生态伦理。

（10）建立完善的动态生态调控管理与决策系统，自组织、自调节能力强。

4. 生态城市的衡量标准

（1）高效率的流转系统，即在自然物质—经济物质—废弃物的转换过程中，必须是自然物质投入少，经济物质产出多，废弃物排泄少。

（2）以现代化的城市基础设施为支撑骨架，为物流、能流、信息流、价值流和人流的运动创造必要的条件，从而在加速各流的可有序运动过程中，减少经济损耗和对园林生态环境的污染。

（3）高质量的环境状况。

（4）多功能立体式的绿化系统。

（5）高素质的人文环境。

（6）高水平的管理功能。

（三）生态城市的评价准则

1. 自然生态评价准则：和谐

①城市建设要符合生态学原理；②具有亦城亦乡的城市空间结构；

③形成多团多核的组团分布格局；④拥有完善、高效的城市园林绿化系统；⑤环境污染得到有效控制，环境质量高；⑥自然生态环境的保护与建设工作积极有效。

2. 经济生态评价准则：高效

①具有合理的产业结构，并实现产业生态化；②形成高效率的经济资源的流转系统；③保护并高效利用自然资源与能源；④城市设施建设与维护符合最小费用原则；⑤具有可重叠利用的时空生态位；⑥住宅区的建设充分体现以人为本原则。

3. 社会生态评价准则：文明

①具有良好的社会风气；②具有发达的教育体系和较高的人口素质；③社区功能多样化；④居民有自觉的生态意识；⑤保护和继承历史文化遗产；⑥具有完备的法律、政策和管理体制。

三、生态城市建设模式

（一）生态城市建设模式的历史渊源

"生态城市"虽然提出较晚，但是它的建设模式的雏形，在国外，可以追溯到英国人托马斯·莫尔（Thomas More，1478—1535）设想出的理想城市"乌托邦"。设计50个城市组成一个乌托邦社会，每个城市规模不大，城乡紧密相连。城市街道宽敞整齐，环境良好，路不拾遗，夜不闭户，各种公共设施齐全。

1602年意大利思想家康帕内拉提出"太阳城"模式。他设想由7个同心圆组成一个太阳城，实行财产公有，产品按需统一分配，居民每日工作4 h。

18世纪中叶，工业革命兴起，极大地解放了生产力，推动城市化过程，城市人口迅速增长，同时带来了大量的城市问题，随之，一批改良主义者和激进的理论家提出了"公社新村""基督徒之城"等理想城市模式。

1898年英国人霍华德提出了建立"花园城市"的模式。

在当时条件下，虽然这些模式有着空想试验的性质，但人类渴望建立与自然相协调、舒适优美的城市家园的愿望体现充分，这种思想至今仍然影响着生态城市的建设模式。

生态城市的追求在我国也有很深的历史渊源。

唐代出现的"风水学"理论，就以人的需求为基础，寻求适合人居住的良好自然环境，追求人与大自然的完美融合。

按照风水学理论规划建造的城市，现代人称之为"风水古城"。古城四面环山、三面环水、碧山绿水，城在山水之间，与周围的自然环境充分地融合在一起。这实际上就是以生态的标准规划建造城市的雏形。

江西省宜春市的规划与建设是我国第一个生态城市的试点。它是应用环境科学的知识、生态工程的方法、系统工程的手段、可持续发展的思想，在一个市的行政范围内，来调控一个自然、经济、社会的复合生态系统，使其结构、功能向最优化发展，保证能流、物流畅通、高效。宜春市谱写了我国当代在生态城市建设方面的新篇章。

（二）生态城市建设的模式

由于城市自身的发展条件千差万别，并且城市可持续发展作为一个发展过程，不同发展阶段的城市也应具有不同的发展模式，所以规划生态城市建设的模式也有所不同。目前，生态城市建设模式主要有以下几种：

1. 循环经济型生态城市

以循环经济的模式来建设生态城市，这是一个全新的理念。这种类型的生态城市模式多出现在经济欠发达、社会遗留问题比较多、大量缺乏未来城市发展基础设施的城市。有矿产资源 30 多种且储量大、品位高、易于开采的贵州省贵阳市是中华人民共和国生态环境部确定的第一个循环经济型生态城市试点城市。

作为一种先进的新的经济形态，循环经济把清洁卫生、资源综合利用、生态设计等融为一体，运用生态学规律来指导人类的活动，促进经济增长、环境保护和社会进步的协调发展。循环经济型生态城市建设的目的：追求人与自然的和谐，在城市建立起良好的生态环境；以实现良性循环为核心，实现经济发展、环境保护和社会进步的共赢，实现未来经济和社会的高速度可持续发展，将城市建设成为最佳人类居住环境。

循环经济型生态城市建设的主要内容：一是在保持经济持续快速增长的同时，不断改善人民的生活水平，并保持生态环境美好的总目标。二是转变生产环节模式和消费环节模式，逐步由以往传统粗放式资源型城市发展模式过渡到可持续循环资源型发展模式。在经济总量达到一定规模后，逐渐实现经济发展与资源消耗的"脱钩"。与此同时，营造一个绿色消费的环境，制定合理的绿色消费政策和规章制度，培育环境友好的商品与循环经济服务业体系，激发和引导消费环节的变革。三是构建循环经济产业体系的构架（涉及三大产业）、城市基础设施的建设（重点为水、能源和固体废弃物循环利用系统）、生态保障体系的建设（包括绿色建筑、人居环境和生态保护体系）三个核心系统。

2. 政治型生态城市

政治型生态城市，又叫社会型生态城市，顾名思义，一般情况下是具有较强的政治意义的城市建设生态城市的模式，主要是发达国家的首都。如美国的华盛顿。这类城市由于政治地位突出，在国际上影响力大，并且城市的职能定位比较单一，突出表现为政治中心，文化、教育职能强，聚集着国家决策精英。它的服务业比较发达，主要体现在人文景观的旅游业发展上。工业区远离城市，污染性较强的企业也被迁移，园林绿化突出，城市公共绿地覆盖率高，人居环境优越，政府用于城市建设的补贴丰厚，居民的福利待遇高。日内瓦是瑞士的第二大城市，并非其首都，但是汇集着大量的国际组织或办事处，包括红十字会总部、世界卫生组织、联合国日内瓦办事处等，因而也属于政治型生态城市。

3. 金融生态城市

中国金融生态城市自 2005 年开始进行评选，目前已经进行了十批。第一批中国国际化金融生态城市有北京市、上海市、天津市、重庆市、深圳市、大连市。

4. 经济复合型生态城市

对于大多数城市来说，尤其是发展中国家的大型城市，生态城市的建设模式一般属于复合型模式。如上海建设生态城市的模式就属于这种模式，不仅仅注重城市的绿化建设、注重表面的人居环境，也重视城市的经济发展和社会发展。经济的发展水平是决定这种园林生态城市建设的关键指标，有了城市物质财富，城市的建设资金充足，城市居民才能建设优美的城市环境，城市各方面社会事业的发展才能顺利进行。处理好经济发展与城市环境之间的协调关系，是建设这种生态城市模式的关键所在。

这些城市存在一些共同点：城市发展过程中一般历史欠债过多，基础设施无法满足城市发展的要求；城市发展过程中环境面临着危机，如大气污染、水资源短缺、固体废弃物不断增多、噪声污染严重等；城市发展初期缺少科学规划，目前随着经济发展、人口增多，城市空间扩大，空间格局不合理现象日益凸显；园林生态环境保护意识需要提高。

5. 海滨型生态城市

这种类型的生态城市模式多出现在沿海中等城市。此类城市园林生态系统的规模较小，有一定的区位优势，有利于经济的对外联系，产业结构转型容易，能够及时地解决工业企业污染问题，自然条件优越，经济发展有很大的潜力。如：山东省威海市和日照市就属于此种类型。1996 年，威海市提出建设"生态城市"，将城市的性质确定为"以发展高新技术为主的生态化海滨城市"。

6. 资源型生态城市

资源型生态城市，又叫自然型生态城市，其建设以当地的自然资源为依托，尤其与当地的气候条件有很大的关系。如：云南省昆明市提出建设"山水城市"、广东省广州市提出建设"山水型生态城市"、吉林省长春市提出建设"森林城市"等，与它们具有多种气候带特征、植物物种丰富的自然条件有很大的关系。这种生态城市的建设模式以人类居住环境的优化为前提，一般在经济发展水平处于中等的城市常见。

7. 园林型生态城市

中国首都北京提出要建设"园林生态城市"。

园林生态城市应具备如下特点：①具有一定的美感质量；②城市结构合理，功能协调，符合生态平衡要求；③实现"清洁生产"，消除工业"三废"污染，做到基本无噪声，无垃圾废物，空气清新、环境卫生；④利用高科技，发展保护自然资源控制生态平衡的新技术，提高资源的再生和综合利用水平，广泛利用太阳能、风能和水能来替换传统能源，用新材料代替传统材料，达到很高的经济效益和最低的物质能量消耗；⑤城市的绿色空间增多，灰色空间减少，具有较高的园林绿化覆盖率、绿地率、人均公共绿地面积和绿视率，应普遍建立城市森林公园；⑥城市的传统文化与历史风貌得到最好的继承和保护。

8. 旅游型生态城市

旅游型城市是指有丰富的能够吸引大量外地游客的旅游资源，与发展旅游业相关的各种设施、机构、城市功能发达而完备，旅游产业结构合理，高效运转，且处于支柱产业地位的城市。

目前，我国旅游型城市中有许多城市已提出构建生态城市，如广西壮族自治区桂林市、安徽省黄山市、湖南省张家界市、河北省秦皇岛市、海南省三亚市等。

9.智能生态城市

2011年1月10日，塞浦路斯房地产开发商Leptos集团启动了欧洲范围内的第一个"智能生态城市"项目——Neapolis智能生态城市项目，其代表着城市规划与智能、生态环境友好型生活方式的未来。

（三）生态城市建设的要点

生态城市建设是新课题，目前没有比较成熟的方法。鉴于当前生态城市建设经验不足，生态城市建设不可全面铺开，而应先进行试点工作，等经验成熟后再进行推广，实施以点带面的策略。这里包含两层含义：一是先在全国或全省选一些条件比较优越的城市进行生态城市试点工作，待经验成熟后，再把经验向全国或全省推广；二是在选定的城市中，也不可全面铺开，而应有先有后、有主有次，先做一些区的试点，如可以先建生态工业园区、生态高新技术园区、生态农业示范区等。

根据生态城市的有关理论和一些国外生态城市建设的成功经验，生态城市的建设，应采取行政、法治、经济、技术等多种手段，进行综合管理，并着力抓好以下几方面工作：

①科学论证，制定合理的生态城市总体规划；②进行观念创新，实现三个转变；③进行技术创新，正确处理经济与环境的关系；④完善城市基础设施，提高居民的生活质量；⑤加强园林生态绿地系统建设，合理布局园林绿地，创造良好的人居环境；⑥优化产业结构，推行清洁生产；⑦建立健全行之有效的生态环境法治体制，强化环境管理；⑧加大宣传力

度，加强环境教育，不断提高全民环境意识；⑨各部门密切配合，强化城市管理。

四、生态城市建设规划

生态城市规划是生态规划的一种类型，也是城市总体规划的重要组成部分。城市是区域的中心，是社会经济和环境问题最集中的场所，随着生产的发展和工业的进一步集中，城市迅速发展和扩张，人与环境之间的矛盾愈加突出，许多严峻的环境问题迫使人们设法处理城市无计划发展所带来的后果。因此，生态城市规划便成为当代生态规划的焦点和重心。

（一）生态城市规划的目的和依据

生态城市规划是指按生态学原理对某地区的社会、经济、技术和资源环境进行全面综合规划。规划应以实现经济、社会、环境效益的统一为目标，通过对城市性质、结构、规模和功能等进行分析和策划，提出以人工化为主体的园林生态系统调控体系和措施，打造一个舒适、优美、清洁、安全、高效、和谐的园林生态系统。

生态城市规划要目标明确，从实际出发，做到切实可行。应根据生态系统的整体性原理、循环再生原理、区域分异原理、动态发展原理等，按照全局观点、长远观点和反馈观点，既要从当前的生态情况出发，又要考虑到生态系统改变后所产生的各种效应的长远影响，还要依据以下三个方面进行：

（1）城市总体规划和经济社会发展规划。

（2）本地区的环境状况和改善环境的要求。

（3）经济技术等的现实条件和发展水平。

（二）生态城市建设规划的范围

（1）分析与研究园林生态建设的优势与制约因素。

（2）制定符合生态城市建设要求的社会经济发展战略与产业布局。

（3）完成园林生态功能分区与景观生态格局模式构建。

（4）建立科学完整的生态安全与环境质量保证体系。

（5）提出园林生态文化建设的内涵与实施方案。

（6）确定生态建设重点项目。

（三）生态城市建设规划的原则

生态城市规划和建设，人口资源、经济、环境之间的关系是实施规划的基本问题。

（1）联合国 MAB 报告中，提出生态城市规划的五项原则：①生态保护战略；②生态基础设施；③居民生活标准；④文化历史保护；⑤将自然融入城市。

（2）规划应坚持：①可持续的发展观；②有针对性和可操作性；③有战略性与前瞻性。

（3）规划应体现：①以人为本，自然和谐；②生态平衡，整体最优；③经济高效，循环再生；④统筹规划、重点突破、分步实施；⑤政府主导、市场推进、公众参与。

（四）生态城市建设规划的内容

（1）现状与基本条件分析。

（2）研究可持续发展战略。

（3）生态经济体系建设。

（4）生态功能分区。

（5）景观生态格局构建。

（6）生态安全与环境质量保障。

（7）水生态建设。

（8）生态文化与生态社区建设。

（9）生态建设重点建设项目筛选。

（10）规划实施保障体系。

五、园林生态系统的调控

（一）园林生态系统调控的原理

园林生态系统调控应依据自然生态系统的优化原理进行。自然生态系统的优化原理归纳起来不外乎两条：一是高效，即物质能量的高效利用，使系统生态效益最高；二是和谐，即各组分间关系的平衡融洽，使系统演替的机会最大而风险最小。因此，园林生态系统调控就是要根据自然生态系统高效、和谐的原理去调控园林生态系统的物质、能量流动，使之趋于平衡、协调。园林生态系统调控应遵循高效生态工艺原理和生态协调原理。

1. 高效生态工艺原理

高效生态工艺原理包括循环再生原则、机巧原则、共生原则。

（1）循环再生原则。生物圈中的物质是有限的，原料、产品、废物的多重利用和循环再生是生物圈生态系统长期生存并不断发展的基本对策。为此，生态系统内部必须形成一套完善的生态工艺流程。

城市环境污染、资源短缺问题的内在原因，就在于系统内部缺乏物质和产品的这种循环再生机制，而把资源和环境全当作外生变量处理，致使资源利用效率和环境效益都不高。只有将园林生态环境系统中的各条"食物链"接成环，在城市废物和资源之间、内部和外部之间搭起桥梁，才能提高城市的资源利用效率，改善园林生态环境。

（2）机巧原则。"机"即机会、机遇，强调要尽可能占领一切可利用的生态位，尤其是要占领一切可用的边缘生态位，开拓边缘。"巧"即技巧，强调要灵活地运用现有的力量和能量去控制和引导系统。机巧原则的基本思想是变对抗为利用，变征服为驯服，变控制为调节，以退为进，化害为利，顺其自然，尊重自然，因位制宜。

（3）共生原则。共生是不同种的有机体或子系统合作共存、互惠互利的现象。共生者之间差异越大，系统的多样性越高，从共生中受益就越多。共生的结果，使所有共生者都节约原料、能量和运输，系统获得多重效益。

2. 生态协调原理

园林生态环境调控的核心是城市协调发展。生态协调是指城市各项人类活动与周围环境间相互关系的动态平衡，维持园林生态平衡的关键在于增强城市的自我调节能力。生态协调原理包括以下几个原则：

（1）相生相克原则。生态系统的任何相关组分之间都可能存在促进、抑制这两种不同类型的生态关系。生态系统中任何一个组分都处在某一个封闭的关系环上，当其中的抑制关系为偶数时，该环是正反馈环，即某一组分 A 的增加（或减少）通过该环的累积放大（或衰减作用），最终将促进 A 本身的增加（或减少）；负反馈环则相反，其中 A 的增加（或减少）通过该环的相生相克作用，最终将抑制 A 本身的发展。

在园林生态系统网络中，系统组分之间可能会有很多个关系环，其中必有一个是起主导作用的主导环。对于稳定的园林生态系统来说，其主导环一定是负反馈环。园林生态系统的主导因子一定是限制因子。主导因子好比城市的瓶颈，它决定了城市的环境容量或负载能力。

由于受瓶颈的限制，城市生产量与生活水平的增长量组合成 S 型，即在开始时需要开拓环境，发展很缓慢，继而是适应环境，近乎直线或指数上升，最后受瓶颈的限制而接近某一饱和水平。一旦主导因子变化，瓶颈扩展，容量限即可加大，城市活动又会呈现 S 型增长，出现新的主导因子和瓶颈。城市正是在这种缩颈和扩颈或正反馈与负反馈的交替过程中不断发展壮大，实现动态平衡的。

（2）最适功能原则。园林生态系统是一个自组织系统，其演替的目标在于整体功能的完善，而不是其组分结构的增长。一切组织增长必须服从整体能力的需要；一切生产部门，其产品的生产是第二位的，而其产品的功效或服务目的才是第一位的。随着环境的变化，生产部门应能及时修订产品的数量、品种、质量和成本。

（3）最小风险原则。限制因子原理告诉人们，任何一种生态因子在数量和质量上的不足或过多，都会对生态系统的功能造成损害。城市密集的人类活动给社会创造了较高的效益，同时给生产与生活的发展带来了风险。要使经济持续发展，生活水平稳步上升，城市必须采取自然生态系统的最小风险对策，即各种人类活动应处于上、下限风险值相距最远的位置，使城市长远发展的机会最大。

（二）园林生态调控的目标、方法和途径

园林生态系统调控的目标有三：一是高效，即高的经济效益和发展速度；二是和谐，即和谐的社会关系和稳定性；三是舒适优美，即优美的生态环境和高质量的生活条件。

园林生态系统调控的方法有三：

（1）确立城市发展战略，完善和执行城市总体规划。

（2）加强城市环境的综合整治。

（3）利用生态观来改造、规划和建设城市。

目前园林生态调控的途径有四种：①生态工艺的设计与改造；②共生关系的规划与协调；③生态意识的普及与提高；④建立园林生态调控决策支持系统。

第二章 园林设计中的
生态文明思想

第一节 生态文明思想的形成与发展

生态学的形成和发展经历了一个漫长的历史过程，大致可分为四个时期：生态学的萌芽时期、生态学的建立时期、生态学的巩固时期、现代生态学时期。

一、生态学的萌芽时期

19 世纪以前，在人类文明早期，为了生存，人类不得不对其赖以饱腹的动植物的生活习性以及周围世界的各种自然现象进行观察。因此，从很久以前开始，人们实际上就已在从事生态学工作，这为生态学的诞生奠定了基础。

二、生态学的建立时期

19 世纪为生态学的建立时期。在这个阶段，科学家分别从个体和群体两个方面研究了生物与环境的相互关系。1866 年德国学者恩斯特·海因里希·菲利普·奥古斯特·海克尔（Ernst Heinrich Philipp August

Haeckel，1834—1919）首次提出"生态学"这一学科名词。

丹麦植物学家瓦尔明（E. Warming）于 1895 年发表了其划时代著作《以植物生态地理为基础的植物分布学》，1909 年改写为英文出版，改名《植物生态学》。1898 年，波恩大学教授辛柏尔（A. F. W. Schimper）出版《以生理为基础的植物地理学》。这两本书全面总结了 19 世纪末之前生态学的研究成就，被公认为生态学的经典著作，标志着生态学作为一门生物学分支学科的诞生。

三、生态学的巩固时期

20 世纪前 60 年，生态学研究渗透到生物学领域的各个学科，形成了植物生态学、动物生态学、生态遗传学、生理生态学、形态生态学等分支学科，促进了生态学从个体、种群、群落等多个水平展开广泛地研究。这一时期出现了一些研究中心和学术团体，生态学的发展达到高峰。

四、现代生态学时期

自 20 世纪 60 年代以来，工业的高度发展和人口的大幅度增长，带来了许多全球性的问题（如人口问题、环境问题、资源问题和能源问题等），关乎人类的生死存亡。人类居住环境的污染、自然资源的破坏与枯竭以及加速的城市化和资源开发规模的不断增长，迅速改变着人类自身的生存环境，对人类的未来生活产生威胁。上述问题的控制和解决都要以生态学原理为基础，因此引起了社会各界对生态学的兴趣与关心。现在不少国家都提倡全民生态意识，其研究领域日益扩大，不再局限于生物学，而是拓展延伸到地理学、经济学以及农林牧渔、医药卫生、环境保护、城乡建设等各个部门。

现代生态学结合人类活动对生态过程的影响，从纯自然现象研究扩展到"自然—经济—社会复合系统"的研究，在解决资源、环境、可持续发展等重大问题上具有重要作用，因而受到社会的普遍重视。许多国家和地区的决策者在对任何大型建设项目进行审批时，如缺少生态环境论证则不予批准。因此，研究人类活动下生态过程的变化已成为现代生态学的重要内容之一。

随着科学的发展，与人类生存密切相关的许多环境问题成为生态学学科发展中的热点问题，生态学逐渐融入环境科学。

第二节　园林设计中生态文明原理分析

一、系统观与整体观

所谓系统，指的是"由相互作用和相互依赖的若干部分（要素）组成的、具有确定功能的有机整体"[1]。系统的整体功能不等于各组分功能的简单相加，而是一种集体效应，一种整体功能大于各部分功能之和的效应，因为系统的功能既包含了各部分的单独功能，又包含各部分之间交互作用产生的新功能。同样，生态系统中，生物与生物、生物与非生物之间存在各种复杂的关系，系统内各因子的相互作用会产生不同功能，它们普遍联系、相互作用而构成有机整体。生态学的考察方式是一次很大的进步，它摒弃了传统的从个体出发、孤立思考的方法，认识到一切有生命的物质都是某个整体中的一部分。这种考察方式应用于任何领域都是正确的，都具有指导性意义。

二、梯度变化与演变观点

麦克唐纳（McDonnell）和皮科特（Pickett）描述了如何用城乡变化梯度来分析和理解城市内各种不同绿色区域和生境组织安排情况。城乡变化梯度，概括地说，就是环境在空间上的有序变化。环境空间决定着生态

---

① 冯之浚. 循环经济与绿色发展 [M]. 杭州：浙江教育出版社，2013：14.

系统的结构和功能，进而影响着人口、社区和生态系统。在市中心，人口密度大，植物相对稀少；在梯度的另一端，也就是荒郊野地，人口密度低，植物相对较多。在气候变化较大的地区，城乡梯度链上会出现多种植被类型，如林地、草地、湿地等。植被组成的丰富度从市中心到郊外发生连续的变化。城乡梯度理论所涉及的一个重要方面就是景观演变的问题。景观演变强调演变与健康之间的关系。

三、物质循环与能量流动

生态系统中的物质循环是指生态系统中的生物成分和非生物成分间物质往返流动的过程，是大气、水体和土壤等环境中的物质通过绿色植物吸收，进入生态系统，被其生物体重复利用，最后归还于环境中，这些归还的物质再一次被绿色植物吸收而进入生态系统的过程。生态系统中的物质循环可分为水循环、气体循环型循环和沉积型循环三大类。在自然状态下，物质循环处于稳定的平衡状态，也就是说，某一物质在生态系统中的输入和输出量是基本相等的。

以水循环为例，它是生态系统中的基本循环。地球上的水在太阳辐射的作用下蒸发到大气中，遇冷凝结，在地球引力的作用下以降水的形式落回地面。到达地面的水转化为地表径流和地下径流，补给到海洋。然而，生态系统中水自身的循环环节不断受到人类活动的干扰，如大规模开凿运河、修建水库和大坝等，会改变水原本的流经线路，使过多的水暴露在空气中而不是下渗到地下，造成了地下水的补给不足。另外，受人类活动影响较多的还有碳循环。植物是自然界中天然的碳回收器，它的减少导致碳的循环受阻，加上燃烧矿石燃料制造出的二氧化碳在不断增多，碳循环的平衡严重被打破，由此引起了气候变暖等诸多环境问题。

四、多样性观点

一个庞大复杂的生态系统容易维持自身的稳定和平衡，这是因为内部多样的组分间存在复杂的空间结构和作用机制，它们可以进行有效的共生互补，且系统中的一种组分因受到干扰发生的变化不会对系统造成毁灭性影响。相反，若系统内部只有单一的组分，当其受到外界威胁时，组分的损毁将会导致系统的毁灭，就是所谓的"一损俱损"现象。生态系统的多样性中以物种多样性最重要，因为物种的多样性可以为系统提供结构的多样性、功能的多样性、遗传的多样性等。

多样性原理对生态的风景园林建设十分重要。多样性是生态的园林系统自我维持的基本保障。正是因为多样性，才有生态系统的稳定性。比如，若人们保障了园林植物和动物的多样性，就可以有效抵御病虫害，减少对农药的依赖。多样性原理也唤起人们对近些年流行的草坪风的反思：一片青葱的草坪虽然美观，但由于单一的特质使其脆弱不堪，造成养护管理成本的增加和资源的浪费。

五、有害污染物的净化

植物对污染物的净化包括附着、吸收、分解、固化、转化、中和等环节。植物的细胞壁对重金属有较高的亲和力，某些植物体内的重金属的积蓄量达到很高时都不会影响其生长发育。

（1）吸收与吸附。植物的根茎、枝干、叶片表面都可以吸附和吸收气体分子、固体颗粒及溶液中的离子。如植物叶面的皮孔可以直接吸收并存储有害气体。

（2）代谢降解。植物通过体内的化学作用对吸收的物质进行代谢，将有害的无机物分解成无害的物质，起到降解的作用。

（3）转化和固化。植物通过其生理过程，可将污染物转化为其他形态的物质以降低对自身的毒性，如将空气中氮氧化物转化为没有危害的氮气或氮素。多数植物的生命活动所需的营养物正是对人体有害的物质，如大气中的硫和碳，植物通过气孔将二氧化碳、二氧化硫等吸入体内，参与代谢，最终以有机物的形式将有害物质存储到氨基酸和蛋白质中。

（4）中和及缓冲作用。阔叶树种对酸的沉降有较大缓冲作用，它们通过叶表面吸附的钙、钾阳离子与氢离子进行交换，或与叶片中淋湿的弱碱与强酸中和形成盐，从而吸收消耗氢离子，降低酸雨的浓度。针叶树种的冠层及凋落物也可在一定程度上减轻酸雨的危害。一般来说，针叶阔叶混交林起到的净化污染物效果最佳。

（5）挥发作用。许多植物可将金属或非金属元素吸收并转化为可挥发物质，从而降低有害元素的毒性。如将金属元素硒转化为二甲基硒和二甲基二硒。

六、群落演替

群落演替指群落随着时间的推移而发生的有规律的变化。一片山坡上的丛林可因山崩全部毁坏，暴露出岩石面；但又可经地衣、苔藓、草类、灌木和乔木等阶段逐步发育出一片森林，包括重新孕育出土壤。当一个群落的总初级生产力大于总群落呼吸量，而净初级生产力大于动物摄食、微生物分解以及人类采伐量时，有机物质便要积累。于是，群落便要增长至达到一个成熟阶段而积累停止、生产与呼吸消耗平衡。将这一过程称为演替，将最后的成熟阶段称为顶极。

顶极群落生产力并不是最大的，但生物量达到极值而净生态系生产量很低甚至为零；物种多样性可能最后又有降低，但群落结构最复杂而稳定性趋于最大。不同于个体发育，群落没有个体那样的基因调节和神经体液的整合作用，演替道路完全取决于物种间的交互作用以及物流、能流的平衡。因此，顶极群落的特征一方面取决于环境条件的限制，另一方面依赖于所含物种。

七、边缘效应

生态学研究发现，在两个及以上生态系统或景观元素的边缘地带存在更活跃的能流和物流、具有更丰富的物种和更高的生产力，如海陆之交的盐沼是地球上产量最高的植物群落之一，森林边缘、农田边缘、水体边缘以及村庄、建筑物的边缘，在自然状态下往往是生物群落最丰富、生态效益最高的地段。因此，人们应对这些地段给予更多的重视，同时可将其作为创作的出发点。

八、自我调节与反馈机制

生态系统自身具有趋于达到平衡状态的特性，当平衡被打破时，系统会通过自我调节的方式重新回到平衡状态。比如，某一时期某地区的降水量过少，导致食物产量下降，不能满足在该地区生活的动物的摄食量，那么，这些动物要么选择迁徙以获得充足的食物，要么选择逐渐适应饥饿来维持生命，总之要使物质的供需与消费趋于平衡，这便是自我调节方式的一种。

生态系统平衡的另一种调节机制是反馈调节机制。当系统中某一成分发生变化时，它引起了其他成分发生一些相应的变化，这些变化反过来影响最初发生变化的那种成分，这种现象称为反馈。反馈的目的是降低最初发生变化的那种成分的变化程度。比如，森林中丰富的资源吸引更多动物迁入，当迁入者过多导致资源数量下降后，反过来就会抑制迁入动物数量的增加，以使资源重新恢复到最初丰富的状态。同样，人作为生态系统中的组分之一，当人为活动造成生态系统其他组分发生变化时，反馈机制也会在人身上发生作用。

值得注意的是，生态系统这种自我调节的能力是有一定限度的，当外界施加的压力超过了生态系统自身调节能力，也就是生态系统的自我调节能力不足以抵御这些干扰时，便会引起生态失调。外来的干扰因素有自然的（如地震海啸、火山喷发、雷击等），这些是不可避免的，且发生概率不高。然而随着人类改造自然的能力不断提高，人为对生态系统施加压力（如修建大型工程、排放有毒物质、喷洒农药等）而常常导致生态失调。因此，为了避免生态系统失调，人们应该在改造自然的同时，注意生态系统自我调节的限度，维护生态系统基本平衡。

九、热污染的净化

植物对热污染的净化原理体现在反射和蒸腾作用两方面。

热源主要来自太阳辐射。植物叶片对太阳辐射的反射率为10%～20%，对热效应最明显的红外辐射的反射率可高达70%，因此植物的冠层有很好的遮阴效果。相比较，城市中铺地及建筑的材料（如沥青、鹅卵石、混凝土、砖瓦等）对太阳辐射的反射率仅为3%～5%，也就是说它们有更大的热容量，大量贮存热量。在夏季，建筑物的墙体温度可高达50℃，高温必然导致热量向室内传递，于是人们会更多地使用空调，更多地排放二氧化碳，造成恶性循环。如果将藤蔓植物覆盖在屋顶及墙体上，墙体的表面温度平均要比无覆盖的低5～14℃。水分的蒸发需要消耗大量热量，因此，植物的蒸腾作用能吸收环境中的大量热量，对周围环境起到降温的作用。同时，蒸腾作用能够释放水分，提高空气湿度，这对于高温干燥的夏季十分重要。

第三节　园林设计中生态文明思想的应用原则

一、系统与整体优先原则

设计所要处理的任何场地和空间都从属于生态系统，属于其中的一块内容或一个区段。生态学的突破性贡献在于建立生物与非生物间的关联研究，提示人们每部分的变化都会或多或少引起其他部分的变化，就像棋盘上的棋子，某个棋子出现了问题会影响整盘棋的输赢。学习生态学的目的，就是要求相关行业通过更多地了解生物，认识到所有生物互相依赖的生存方式，将各个生物的生存环境连接在一起综合考虑。因此，在规划设计过程中要有整体意识，要小心谨慎地对待生物和环境，反对孤立、盲目的处理方法。

二、尊重场地自然特征原则

世界上没有两片完全相同的叶子，世界上也不可能存在两块完全相同的场地。场地的自然条件因各种生物因子、气候水文、地质条件等的不同而呈现不同特征，共同影响着场地中的各种生态关系和生态过程。

针对不同场地，在设计思路的选择上应该不存在放之四海而皆准的标准，在世界范围内也应该不存在统一的生态标准。但是，人们在设计时往往忽略了对场地特征的调研分析，把一种设计方式运用到多种场地上。这不仅出现了千城一面带来的文化缺失的现象，更重要的是干扰了自然的进程，这将引来对人类自身生存的威胁。古人造园时总结出的"因地制宜"在现代演变成了"因宜制地"，设计的出发点和标尺被改变了。

生态学的实质是研究个体与其周边环境的相互作用，这就要求人们对环境有充分认识，如果忽略了环境的特征，就将生态学的内容丢掉了一半，更不用提如何进行生态设计了。

（一）尊重地形特征

场地的地形特征是环境设计的基础，它为设计提供了一张立体的图纸。地形关系到地表径流、地表稳定性、场地小气候等诸多环境要素。在规划设计中，尊重场地地形特征要从流域尺度出发，综合分析地势相背、土壤性质、排水状况、植被情况等多方面因素，建立坡度与土地利用间协调的匹配关系。

（二）尊重水文特征

水是场地环境设计的中心环节。尊重水文特征就是要求设计师关注水源的位置和规模、河谷及河漫滩的大小和形态、岸线的侵蚀情况等，掌握水流量、高水位海拔、水质状况等数据资料，避免因开发选择失误引起水质净化困难、地下水位下降、栖息地受破坏等潜在威胁。尽量通过植被缓冲、地形控制等手段减少对大型的、结构性的控水措施的依赖。加强滨水区生态环境监控和管理。

（三）尊重土壤特征

场地的土壤特征好比设计师图纸的质地，设计师在水彩纸、制图纸、硫酸纸上的表达有着截然不同的方法。尊重场地土壤特征，就是要借助科学的土壤调查来建立土壤适宜性评价，从而指导场地选择和设计。需综合考虑土壤成分、土壤渗透性、基岩深度、地下水位、坡度等因子。此外，还要考虑土壤中固体废弃物和污水的掺杂程度，寻求能够打破土壤限制的处理方案。

（四）尊重植被和栖息地特征

植被和栖息地是与环境变化结合得较为紧密的景观元素，它们的状况是环境变化的指示器。尊重场地现有植被和栖息地特征，就是要以保护为主、适当干预为指导思想，限定人的干扰，充分发挥植被和栖息地对径流、土壤侵蚀、小气候及噪声等的自然调节作用。同时，要考虑各植被和栖息地组团间的连续性，避免组团破碎化，保持生物间交流的畅通。

（五）尊重气候特征

场地的气候特征包括温度、湿度、太阳辐射、风和空气污染程度等五个主要因素，其中太阳辐射作为能量的首要来源应予以优先考虑。尊重场地的气候特征就是要考虑地区小气候的多样性，以气候特征为导向处理环境的空间布局，营造宜人的室外活动空间。

三、就近取材原则

材料的异地运输会耗费大量能源资源，并释放废气，从长远角度看是得不偿失的做法。就近取材能将运输环节造成的环境损害降至最低，减轻由开发建设带来的环境压力。

四、利用乡土资源原则

乡土资源是生态系统经长期进化后达到生态平衡状态下的产物，是维护该生态系统稳定的不可替代的主体。充分利用乡土资源能减少外来入侵物种带给系统的潜在威胁，帮助系统内生命体持续不断地繁衍生息。

（一）挖掘民间智慧

民间传承的建造技艺是我们祖先在漫长岁月中积淀的智慧结晶。古人认为人与自然之间是一种相互依存、相互促进的关系，人类需要通过不断地改造自然来适应大自然。在以往生产力欠发达的情况下，人们对自然的态度都很谦逊，懂得人只有和自然做朋友，彼此才能和睦相处。都江堰和灵渠这些巧夺天工的水利工程，是祖先以朴素的工艺低石作堰而成，给生物及自然过程以最低限度的介入。如今社会发展了，人类活动频繁，环境遭到破坏，传统建筑必须适应新时代的需求，才能发挥其最大作用。杭州江洋畈生态公园建设道路铺设，利用民间累积的软土地建房筑路经验，以自然毛竹排、毛竹片为原料代替了人工材料。这既满足了植物生长需要，又降低了成本，还能有效地保护自然环境，符合人与自然协调发展的要求。民间智慧高度反映了设计对生态环境的适应。同时，由于人们生活水平不断提高，环保意识逐渐增强，绿色建筑已成为一种时尚，而这一切都离不开民间传统文化的滋养。要充分发掘传承于民间的传统技艺，以此为基础进行设计，以科学方法加以引导、提高，以实现低干扰、高利用等功效。

（二）使用乡土植被

在乡土资源中，乡土植被的地位不可忽视。所谓乡土植被，指在一个地方土生土长，在一定区域内天然分布的乔灌木。乡土植被中的树种是自然优胜劣汰、环境选择的结果，它们对地区的光、热、水、气、土壤条件已经有很强的适应性，对不利环境也有很强的抗性。它们与其固定的生长环境建立了相互依存的关系，长久地共荣共生。因此，要充分利用乡土植被，发挥其稳定生态系统的核心作用。

五、循环利用原则

生态系统有其自身的调节能力，系统的破坏主要归因于人类对自然能源、资源无限制的攫取以及随之带来的垃圾堆放。体力透支和系统消化不良引起了系统内的各种不适反应。解决的出路在于循环利用，这样可以减轻生态系统的负担，将系统自身的恢复和再生能力控制在可承受的范围内，还系统以弹性。

循环利用的原则出于两方面考虑。首先，生态系统中各个部分的作用告诉人们自然界中没有废物，人们要尽可能地充分利用每一件物品。其次，时间不能倒退，既然建设中使用的物资在生产和加工环节给环境带来的负面影响已无法挽回，那么需要通过循环利用的方式来降低对新物资的需要。在建筑中，这种循环利用的理念体现在构件的重复利用、空间的多功能使用方面。在园林设计中，通过发挥设计的主观能动性和创造力，原本被遗忘的物资同样可以获得新的生命。

第四节　园林设计与生态文明思想的关系

一、设计与生态的关系

（一）"生态设计"概念的误用

自从有了生态的概念，大家便把"生态"一词同"设计"连在一起使用，"生态设计"这四个字频繁出现在建筑设计、园林设计、产品设计等众多设计领域。之所以有如此高的使用率，说明大家认为生态设计是个值得提倡的设计方向。可是，生态设计究竟是怎样的设计，它应该具备什么特征，设计能否达到人们的预期等问题，有待推敲。

如前文所述，"生态"一词源于古希腊文字，是指家或者环境。《现代汉语词典》（第7版）对"生态"的解释是：指生物在一定的自然环境下生存和发展的状态，也指生物的生理特性和生活习性。无论希腊词源还是中文解释，生态都无疑是个名词。在汉语里，一个名词（生态）和另一个名词（设计）的组合词属于偏正结构短语，前一个名词作定语使用。定语表示修饰、限定、所属等关系。根据汉语语法，人们可以对"生态设计"作如下解读：第一，表示修饰关系，即"生态的"设计；第二，表示限定关系，即针对"生态"的设计。

如果是修饰关系，那么"生态的"描绘的是一种什么样的场景呢？从教科书上查找有关生态、生态学的解释时可以归纳出几个要点：第一，生态是一种自然状态，生态系统中的变化和发展也是自然的变化和演替过程；第二，包括设计活动在内的人类活动，对自然环境会产生干扰，干扰有正、负之分。不难发现，所谓"生态的"是不需要设计的，没有设计活动的干扰才能体现生态的本来面目，加入设计便不能称之为真正意义上生态的。可见，"生态设计"是个内部相互排斥的组合词。

如果是限定关系，那么"生态设计"就限定了设计的范围，指针对"生态"，而不是针对一把椅子、一棵树等的其他设计。那么人们为什么要对生态加以设计呢？设计作为一种创造性活动，其目的是改变，改变背后的潜台词说明人们对现有事物不满意。按照这个逻辑，人们之所以对"生态"做设计，实际是对现有生态不满意。那么，一方面人们对生态不满意，另一方面人们标榜生态设计，这显然是自相矛盾的。笔者认为，造成这种矛盾的原因在于此生态非彼生态——人们加以设计的生态是现在的，人们标榜的生态是过去的，它们所属的时代不同。可见，"生态设计"是个模糊性的词。

从以上字面的解读中可以知道"生态设计"这种说法的不合理性。可是，既然大家都在用，并且把它当作一个正义的、积极的词在不断使用，那就不得不探讨其延伸的含义了。笔者认为，如果生态设计是一个褒义词，能代表人们的诉求，它应该包含以下几方面含义：

第一，生态设计是"符合生态学原理的设计"。

第二，生态设计是"对生态环境的适应性设计"。

第三，生态设计是"尽可能减小对生态环境干扰的设计"。

第四，生态设计是"对生态环境的补偿性设计"。

（二）设计符合生态学原理

如果生态系统这一概念尚未被理解，那么所有的设计，都是从人的愿望开始的。在人类发展初期，人们为了生存和生活需要而产生了大量的欲望。这些愿望表现为不断求变、求趣，表现为土地的无节制的转化。人类的生活方式与自然生态环境之间存在着一种天然而又密切的联系，这就使得园林成为人类基本的需求之一。在历史上，园林设计是以艺术美原则为准绳，设计的指导思想为艺术哲学。随着社会生产力的提高，人类进入工业时代，生产技术也有了很大进步。随着手工业与农业划分，城镇出现，然后向工业化城市发展，在土地中产生的设计，大多为人工合成物。到了近代，工业发达起来后，城市规模扩大，人口增多，有的导致了环境恶化、资源枯竭等问题。这些由人引导出来的设计，目前来看并不生态。

在认识到环境问题，开始重视生态学研究之后，在设计起点上增加了环境因素考量。生态设计是一个综合而全面的概念。这些思考体现在场地自然环境调研中、充分利用风和日丽的自然气候、保持地上与地下生物之间的沟通等方面，其宗旨是在人类活动和自然进程之间确立一种节奏和谐。这就要求设计者能够充分了解自然界中各种物质之间及其相互之间的联系。

（三）设计就是为了适应生态环境

生态环境各层次均处在不断演变之中，它们在形式和本质上是不断发生变化的——一天之中会发生日出和日落，有或阴、或晴、或风、或雨等天气变化。在这样的环境里人们可以自由活动，但又要承受各种压力和风险。为求得更自在的存活，对于生态环境的上述变化，人类本能地给出了答案。在设计领域，设计师总是试图使自己的作品既能满足人们对环境所提出的要求，又能符合他们内心的想法，从而达到生态和谐的效果。这样的答案是由设计完成的，人们把设计视为有目的的创造行为，设计的结果是从一种形式到另一种形式的变化。因此，生态环境的变迁也必然影响到设计本身。若把生态环境和设计两个均有变化本质的东西建立关联，然后这种连接就是适应。

一般情况下，适应是一种在结构、功能和行为上的变化，通过这种变化，物种及个体能够提高其在特定环境中的存活概率。人类对环境的适应，表现在各个方面，其中表现最突出的是其在居住环境方面所进行的设计。居住形态与建筑空间的适应性是一个动态过程，它随着社会经济发展而不断演化，同时又受到各种自然因素影响而发生相应改变。在各种生态条件背景下，人类在设计活动中，创造了丰富多样的居住形式与途径，创造出合适的生存条件，使适应结果质量最大化。

在生产力并不发达的远古时期，生态适应性设计活动发生频率较高。当时人们通过对自然条件和自然环境进行改造和利用，使之满足自己生存发展的需要，并创造出许多成功的经验。例如，古代斯里兰卡，为应对中部地区旱情困难，祖先建造过大小人工蓄水池，有1 500多个，形成包括水库、塘堰、渠系结合在内的综合灌溉系统。其中有一座规模巨大的蓄水池是用石头砌成的。在一些皇宫里，蓄水池里贮存水，供给皇宫里的需要，雨水充沛的时候，水溢出高水池，或者从被设计为各种尺寸的出水孔中排出，构成了一个错落有致、煞是美观的喷泉。

哈桑·法西（1900—1989），埃及建筑师，曾为开罗美术系的教授。哈桑最著名的是他的土造建筑，以传统的营造方式挖掘，以最经济的材料构筑。哈桑强调建筑需根植于当地乡土自然本质和本源，哈桑认为，人是自然的核心，同时更是自然的一个组成部分，因此人需要遵守自然界的普遍法则。建筑师的职责就是协调建筑和自然的关系，诸如把建筑形式视为人和其环境之间一种合理的、诗意的调解。哈桑认为建筑的最好定义是人的智慧和他的环境在满足物质与精神双重需要时交互作用的结果。哈桑始终关注解决建筑的基本问题——雨、光、风、热、经济技术条件、审美观以及个性感、家园感等，并把这些要素视为建筑自身系统里的各因子，建筑的形即由这些因子综合作用衍生出来，而不是几何学式的逻辑演绎或蒙太奇式的拼贴。穹顶和风挡两大建筑元素，在哈桑的很多作品里都有体现，它们被用来增加室内空气流速。穹顶能产生向上流动的气流，而风挡起到了防止空气回流和阻止灰尘扩散的作用。风能由一排排风挡吹进房间，经一次内循环，流入地下储藏室，使得存放在该处的食品不易变质。这种做法也适用于建造屋顶结构的建筑物，因为它能提供更多空气流动所需的热量。

（四）设计尽量降低对生态环境的扰动

人类对自然环境产生正干扰与负干扰。在一定条件下，正干扰能促进经济建设事业的发展，而负效应阻碍或妨碍经济建设事业的进一步发展。尊重自然界客观规律，寻求人类和自然环境之间最大限度的和谐和相互配合的生产活动，就是正干扰；违背自然规律的生产活动，就是负干扰。尽管"和谐""协调"这些词语都带有褒义，但是不难发现，学者在对"正干扰"事件进行描述时心中矛盾；自然无法否认自己的作用，人类必须服从它，否则会被大自然淘汰，但是人类生产活动的确容易给自然环境带来负干扰，真正意义上的正干扰不过是自然环境对外界变化作出反应所能忍受范围内的一种活动而已，而且是受到生产力水平制约的相对滞后的一种活动。

在历史与现实的观照下，人类在自然环境中所受到的负干扰亦远大于正干扰。人类要想在自然面前保持生态平衡，必须不断地改变自己的行为方式。其原因在于生态系统内在平衡不一定都能满足人类需求。当生态环境发生改变时，人们会通过各种途径来调节生态平衡，以保持其自身发展的可持续性。例如，自然界稳定的生态系统并不能充分地供给人类需要的粮食，自然环境下长出来的棉花，也无法直接转化为服装，所以有必要兴办农场和纺织厂，逐步形成人工生态系统。这些都可以看作人为的人工生态系统。但是这一人工生态系统具有不稳定性，破坏了自然生态系统的原有平衡。人为干扰过大就可能使生态环境失去平衡。

所以人们认识的生态设计，其实就是要尽量降低对自然系统正常运行的扰动与损害，就是最大限度借助自然再生能力的最小设计。生态设计的目的就是保持生态系统的完整性和持续性。这就要求人们在风景园林施工与养护过程中尽可能使干扰范围最小、干扰强度最大，使所使用的材料及工程技术尽可能不给自然系统内的其他物种及生态过程造成破坏，甚至毒害。这就要求设计者不仅要考虑如何保护好自然环境资源，还要充分考虑到人们的需求，做到用以人为本、以人为核心的理念来规划和建造景观空间。其中较为典型的是秦皇岛汤河公园，设计以充分保存自然河流生态廊道为基底，设置一个带状设施，把包含步道、座椅、灯光与环境解说系统等在内的城市设施集聚在一起，最大化保持自然生态系统的完整。

（五）设计是对生态环境的补偿

如前所述，人类活动总在不停地给自然生态系统制造麻烦，只要是有人类经济活动的地方，对自然环境的破坏就是必然的。因此，设计活动使被破坏的自然系统再生能力尽可能多地恢复，就是对生态环境有益的贡献，而这些努力实际上是人们在觉醒之后对生态环境的一种补偿。所以生态补偿设计的说法更为明确。

设计对生态环境补偿的例子随处可见。典型的例子包括棕地和采矿区的恢复，如德国鲁尔钢铁厂，就是采用设计手段，使过去遭受污染及破坏的产业基地自然生态系统逐渐恢复。近些年，湿地公园如火如荼地建设也是代表性的生态补偿设计。由于人们过去对湿地的认识不足，导致大面积湿地被占为他用或因建设干扰而退化。随着湿地的生态服务功能逐渐被发现，人们希望通过建立湿地公园来弥补过失、抵消损失。

二、生态学与风景园林设计的关系

（一）生态学与风景园林设计的联系

生态学是研究生物及其周边环境关系的学科，或者更明确地说是研究生物与生物、生物与非生物之间关系的学科。这里的生物包括植物、动物、微生物以及人类，环境指生物生活的无机因素。生态学的分支研究领域非常多，这和其研究内容的庞大有直接关系。抛开非生物所指内容不说（这也是个无法估量的内容），单单研究生物（植物、动物、微生物、人）与生物之间的关系，就可以得到多种答案。如果再加上不同尺度的细分，如个体尺度、种群尺度、群落尺度、生态系统尺度等，那么生态学的分支研究领域将是一个无止境的数目。

正因为生态学研究内容之巨大性，使得它必然要涉及寻常百姓。因此，在中学开设生态课，让广大师生了解一些生态学知识显得非常重要。周曦、李湛东曾说："当人类作为一个物种存在于地球上时，大家就已经是生态学的学生了，人们的生存完全依赖于人们对于各种环境变化因子的观察能力和对生物在这些环境变化因子作用下的反应做出的预测能力。"可见，生态学研究对象就是普通人生活中所发生的一切自然现象及其发展变化规律。

当前有关风景园林学标准的解释基本上可归纳如下：风景园林设计学为人居环境科学三大主干学科之一，它是以自然科学与人文艺术学科为广阔背景的应用学科，它以协调人与自然关系为中心，具有很强的综合性，内容涵盖规划设计、园林植物、工程学、环境生态、文化艺术、地学等领域，与其他多学科交叉综合，肩负着自然环境及人工环境的营造和开发、改善人类生活质量、继承与发扬中华优秀传统文化等任务。

不难看出，"以自然科学与人文艺术学科为广阔背景的一门应用学科"说明风景园林设计学具有跨界性，这门学科隶属于自然科学的生态学。当然，生态学并不是风景园林设计的全部，它还包括与之密切相关的建筑学、环境科学以及心理学等知识领域。但让风景园林设计师像生态学家一样潜心研究，就不切实际。因为他们还没有掌握生态学所必需的基本理论，也没有足够的时间去探索与之相关的其他学科。前面已经说过生态学研究的分支就是一个层出不穷的量，风景园林设计也是一门综合性学科，需要无限制地涉足，两个未知数放在一起，不管进行怎样的运算，其结果毫无疑问还是未知数。所以说，生态学是一门综合性很强的学科，而风景园林设计是这一学科中不可或缺的一环。那么风景园林设计究竟应该与生态学产生多大的交集？回答这个问题的最好方法莫过于让风景园林设计者去读一本生态教科书。

（二）生态学与风景园林设计的区别

生态学与风景园林设计学显而易见的区别在于前者是自然科学，后者是融合了自然科学与人文科学的应用学科。生态学研究客观存在的现象，判断其研究成果需要通过科学实验来检验。虽然现代生态学将人对环境作用的因素考虑在内（这也是现代生态学对传统生态学的发展），但并不以人的意志为转移。而风景园林设计学属于众多设计学科中的一类。设计有其人格化的特征，人是设计活动的主体，也是设计成果的裁判。如果谈生态，必须放弃人自身的主体地位；如果谈设计，就要把人的需求放在首位，健康的生态环境成为设计所考虑的人的众多需求之一。因此，生态学与风景园林设计学的区别在于人的地位和作用。

三、风景园林设计引入生态学原理的作用及意义

（一）生态学原理是设计遵循的法则之一

风景园林设计的发展变化与社会环境的变迁密不可分。园林产生于官宦和隐贵的私家花园，如今发展为公园，随着拯救生态环境的呼声日益高涨，设计又担负起修复生态环境的责任。设计的服务对象在改变，设计的手法也在不断推陈出新。从单纯的美学原则到融入大众行为心理，从挖掘历史文化到保护自然资源，园林设计所结合的内容在不断丰富，设计遵循的法则也在不断扩充。所谓原理，指自然科学和社会科学中具有普遍意义的基本规律，它是在大量观察、实践的基础上，经过归纳、概括而得出的结论。生态学原理在风景园林设计中的地位和美学原理、社会心理学原理等是相同的，是设计中可以遵循的法则之一。但是相比较设计中常使用的美学原理而言，生态学原理本身客观性更强，它不是一个模糊的概念，而是具有科学性，这也是生态学原理在设计中所体现的地位更突出的原因之一。

（二）生态学原理开启新的设计认知

不断恶化的全球生态状况成了人们目前最大的担忧。从设计结合自然开始，规划设计中生态学原理的引入成为迈向补救道路的出发点。设计方法论中所固有的创造过程突然间获得了一些来自科学界的关注与信赖。时至今日，人们对环境问题的讨论已经不是什么新鲜事，反而是迫切性又增加了。随着人地关系被重新审视，城市生态系统日趋复杂化，科学和设计都为新的现实所迫而卷入新的关系，体现为自然科学的城市化与设计的科学化。为了应对新的问题集群和科学界限，包括科技、设计甚至商业等在内的新的学术混合体正在诞生，并且刻意模糊彼此。这种势头正围绕着人们共同的环境恶化问题在迅速加剧。设计行业的发展方向已被现实所牵引，而不仅仅是新的吸引力。也许设计需要像自然科学那样，探索在过去几十年内已涵盖的领域。

第三章　生态文明思想指导下的园林景观规划设计

第一节　园林景观规划设计的基本原理

一、园林美学的基本内涵

园林美是园林师对生活（包括自然）的审美意识（思想感情、审美趣味、审美理想等）和优美的园林形式的有机统一，是自然美、艺术美和社会美的高度融合。它是衡量园林作品艺术表现力强弱的主要标志。

（一）园林美的属性和特征

园林属于多维空间的艺术范畴，一般有两种观点：一曰三维、时空和联想空间（意境）；二曰线、面、体、时空、动态和心理空间。其实质都说明园林是物质与精神空间的总和。

园林美具有多元性，表现在构成园林的多元素和各元素的不同组合形式之中。园林美也有多样性，主要表现在历史、民族、地域、时代性的多样统一之中。

作为现实生活境域的园林，要借助自然山水、树木花草、亭台楼阁、假山叠石等，甚至是物候天象之类的物质造园材料，把它们设计得很好，营造美好园林景观。这就是所谓"以形写神"的艺术手法，即通过各种形式的造型手段来再现客观物象的特征与神韵。所以，园林美，首先体现为园林作品中可视外在意象的物质实体，犹如假山之玲珑、红花绿叶……这些造园材料和由它们构成的园林景观，就构成园林美的第一形式，即自然美实体。

虽然园林艺术意象具体真实，但是园林艺术之美，并不局限于这些可供观赏的形象化实体的表面，而借助山水花草之类的形象实体，采用多种造园手法与技术，通过合理安排、巧设，灵活运用，以传递具体思想情感，抒写园林意境。所以，园林艺术是一个有机整体。园林艺术作品并不只是一道景观，必须具备象外之象、景外之景，即"境生于象外"，这个象外之境，就是园林意境。园林意境具有独特的审美特征。注重营造艺术意境，这是中国古典园林美学鲜明的特色。它与西方古典建筑艺术中强调形式法则有本质的区别。中国古典园林美，以艺术意境美为主，在园林有限空间内，缩影无穷自然，营造咫尺山林之感，制造"小中见大"的效果。通过对具体实例的分析，可以总结出一些扩大园林景观的方法。比如扬州个园，四季假山布置得很成功，利用不同材料与手法使春夏秋冬景色同时呈现，因而延长园景时间。再如山阴水秀、山光水色、山石叠嶂等也都能以各种手段进行艺术化处理，使之成为一种独特的景观，形成一个有机的整体。这属于造园手法。

园林艺术是社会的意识形态之一，作为上层建筑，自然会受到社会存在的制约。作为生活境域的现实存在，也将反映社会生活内容，展示园主思想倾向。因此，园林设计与造园理论必然受到当时特定历史条件和环境中所特有的文化传统、风俗习惯等因素的影响。比如法国的凡尔赛宫苑，布局严谨，正是那个时代法国古典美学发展总趋势的体现，它标志着君主政治的至上。又如，上海一个公园里的缺角亭，作为园林建筑单体审美问题，缺角之后，它丧失了自己的整体形象，却有其特定的社会意义——建这座亭子的时候，适逢东北落入日本侵略者的魔掌，园主有意把东北角切除，抒发为国担忧的爱国之情。在园林中，也有这样的建筑物——无柱式亭台楼阁，它不是简单地追求完美的形式和尺度，而是要从整体上考虑与周围自然环境相协调。明白了这一点，非但不会觉得这亭子不好看，反倒能感受到更高境界的美：社会美。

可见，园林美包括自然美、艺术美、社会美三种形态。

（二）园林美的主要内容

如果说自然美是以其形式取胜，园林美则是形式美与内容美的高度统一。它的主要内容有以下十个方面：

1. 借用天象美

借日月雨雪造景。如观云海霞光，看日出日落，设朝阳洞、夕照亭、月到风来亭、烟雨楼，听雨打芭蕉、泉瀑松涛，造断桥残雪、踏雪寻梅等意境。

2. 山水地形美

包括地形改造、引水造景、地貌利用、土石假山等，它形成园林的骨架和脉络，为园林植物种植、游览建筑设置和视景点的控制创造条件。

3. 建筑艺术美

风景园林中由于游览景点、服务管理、维护等功能的要求和造景需要，要求修建一些园林建筑，包括亭台廊榭、殿堂厅轩、围墙栏杆、展室公厕等。建筑不可多，也不可无，古为今用，外为中用，简洁巧用，画龙点睛。建筑艺术往往是民族文化和时代潮流的结晶。

4. 工程设施美

园林中，游道廊桥、假山水景、电照光影、给水排水、挡土护坡等各项设施必须配套，要注意艺术处理，以区别于一般的市政设施。

5. 旅游生活美

风景园林是一个可游、可憩、可赏、可学、可居、可食、可购的综合活动空间，满意的生活服务，健康的文化娱乐，清洁卫生的环境，交通便利，治安保障与特产购物，都将给人们带来情趣，带来生活的美感。

6. 文化景观美

风景园林常为宗教圣地或历史古迹所在地。园林中的景名景序、门楣对联、摩崖碑刻、字画雕塑等无不浸透着人类文化的精华，创造了诗情画意的境界。

7. 造型艺术美

园林中常运用艺术造型来表现某种精神、象征、礼仪、标志、纪念意义以及某种体形、线条美。如图腾、华表、雕像、鸟兽、标牌、喷泉及各种植物造型艺术小品等。

8. 色彩音响美

风景园林是一幅五彩缤纷的天然图画，是一曲袅绕动听的美丽诗篇。蓝天白云，花红叶绿，粉墙灰瓦，雕梁画栋，风声雨声，鸟声琴声，欢声笑语，百籁争鸣。

9. 联想意境美

联想和意境是我国造园艺术的特征之一。丰富的景物，通过人们的接近联想和对比联想，达到触景生情，体会弦外之音的效果。意境一词最早出自我国唐代诗人王昌龄的《诗格》，说诗有三境：一曰物境，二曰情境，三曰意境。意境就是通过意象的深化而构成心境应合、神形兼备的艺术境界，也就是主客观情景交融的艺术境界。风景园林就应该是这样一种境界。

10. 再现生境美

仿效自然，创造人工植物群落和良性循环的生态环境，创造空气清新、温度适中的小气候环境。花草树木永远是生境的主体，也包括多种生物。

二、园林艺术法则与造景手法

（一）中国园林造园艺术法则

1. 造园之始，意在笔先

意，可视为意志、意念或意境。强调在造园之前必不可少的创意构思、指导思想、造园意图，这种意图是根据园林的性质、地位而定的。《园冶·兴造论》所谓"……三分匠，七分主人……"之说，表现了设计主持人的意涵起决定作用。

2. 相地合宜，构园得体

凡造园，必按地形、地势、地貌的实际情况，考虑园林的性质、规模，构思其艺术特征和园景结构。只有合乎地形骨架的规律，才有构园得体的可能。《园冶》相地篇：无论方向及高低，只要"涉门成趣"即可"得景随形"，认为"园地唯山林最胜"，而城市地则"必向幽偏可筑"；旷野地带应"依呼平岗曲坞，登陇乔林"。也就是说，造园多用偏幽山林、平冈山窟、丘陵多树等地，少占农田好地。

在如何构园得体方面，《园冶》有一段精辟论述："约十亩之地，须开池者三，……余七分之地，为垒上得四……"。这种水三、陆四、山三的用地比例，虽不可定格，但确有参考价值。园林布局首先要进行地形及竖向控制，只有山水相依，水陆比例合宜，才有可能创造出好的生态环境。城乡风景园林应以绿化空间为主，绿地及水面应占园林面积的 80% 以上，建筑面积应控制在 15% 以下，并应有必要的地形起伏，创造至高控制点。引进自然水体，从而达到山因水活的境地。

3. 因地制宜，随势生机

通过相地可获得合适的构园选址，可是一片土地上，想要营造出多种景观之间的和谐，还有赖于因地制宜、随势生机、随机应变等技巧，作出合理的布局。我国古代园林艺术中有许多这方面的经验可供借鉴。《园冶》还多处提及"景到随机"和"得景随形"的原则，无外乎根据具体环境形势因山、因高低而随机应变，因地制宜，营造园林景观，即所谓"高方欲就亭台，低凹可开池沼；卜筑贵从水面，立基先究源头，疏源之去由，察水之来历"，从而实现"景以境出"。因此，人们必须遵循自然规律和经济规律，充分利用自然环境中各种自然条件，使人与自然和谐共存。在现代风景园林施工过程中，这种对于自然风景资源保护的顺应意识以及对于园林景观营造的灵活性仍然具有一定的现实意义。

4. 巧于因借，精在体宜

既然风景园林是一个有限空间，就免不了有其局限性，但是具有酷爱自然传统的中国造园家，从来没有受限于现有空间，而是用巧妙的"因借"手法，给有限的园林空间插上了无限风光的翅膀。"因"者，是就地审视的意思，"借"者，景不限内外，所谓"晴峦耸秀，钳宇凌空；极目所至，俗则屏之，嘉则收之……"，这种因地、因时借景的做法，大大超越了有限的园林空间。像北京颐和园远借玉泉山宝塔，无锡寄畅园仰借龙光塔，苏州拙政园远借北寺塔，南京玄武湖公园遥借钟山。古典园林的

"无心画""尺户窗"的内借外，此借彼，山借云海，水借蓝天，东借朝阳，西借余晖，秋借红叶，冬借残雪，镜借背景，墙借疏影。借声借色，借情借意，借天借地，借远借近，这真是放眼寰宇，博大胸怀的表现。用现代语言说，就是汇集所有外围环境的风景信息，拿来为我所用，取得事半功倍的艺术效果。

5. 欲扬先抑，柳暗花明

一个包罗万象的园林空间，如何让游客一饱眼福？在这方面，世界各国都有许多不同的做法。东西方的造园艺术各有特色。西方园林的特点是开朗亮丽、宽敞明亮，一目了然是它的喜好；中国园林则是含蓄有致，曲径通幽，渐次呈现、引人入胜是其特点。这两种风格不同的造景手法，在世界园林建筑中有着广泛而深刻的影响，对后世产生了深远的影响。虽然现代园林具有综合并用之势，但是，作为造园艺术中的精髓，二者均具有保留发扬价值。那么怎样才能使二者相得益彰呢？到底怎样才能达到耐人寻味的结果？这就需要从古典文化中寻求启示和灵感。中国文学和画论给予人们良好的参照，如"山重水复疑无路，柳暗花明又一村""欲露先藏，欲扬先抑"等，所有这一切，都是合乎东方审美心理和法则的。陶渊明《桃花源记》为欲扬先抑、见溪寻源、遇洞探幽、豁然开朗的典范，给人以无限憧憬。西方园林则是另一番景象，其设计手法和艺术技巧也颇有独到之处。例如，造园中影壁的应用、假山水景等屏障，以绿化树丛为隔景，用植物点缀建筑以烘托气氛，等等。营造地形变化，以安排空间渐进发展，通过建筑小品和植物配置来烘托意境等。采用曲折介绍道路系统，园林景物之顺序显现，用虚实院墙隔出，连绵不绝，采用园中园、景中景等多种形式，均能产生耐人寻味的效果。借景抒情是我国传统美学中最富有魅力和生命力的一种艺术手法，在古典园林设计中有广泛应用。在不知不觉中延长游览路线，空间层次有所增加，给人以柳暗花明的感觉，意趣无限。

（二）常用造景艺术手法

中国传统造园艺术的显著特点是：既属工程技术，又属人文造景艺术，技艺交融。

在风景园林中，因借自然，模仿自然，创造供游人游览观赏的景色，人们称之为造景。常用造景艺术手法归纳起来包括主景与配景、对景与障景、分景与隔景、夹景与框景、透景与漏景、配景与添景、前景与背景、层次与景深、仰景与俯景、引景与导景、实景与虚景、景点与点景、内景与外景、远景与近景、朦胧与烟景、四时造景等。

1. 主景与配景

主景是景色的重点、核心，是全园视线的控制点，在艺术上富有较强的感染力。配景相对于主景而言，主要起陪衬主景的作用，不能喧宾夺主，在园林中是主景的延伸和补充。突出主景的手法如下：

（1）主体抬高：采用仰视观赏，以简洁明朗的蓝天为背景，使主体造型轮廓线鲜明、突出。

（2）轴线运用：轴线是风景、建筑发展延伸的方向，需要有力的端点，主景常设置在轴线端点和交点上。

（3）动势向心：水面、广场、庭园等四面围合的空间周围景物往往具有向心动势，在向心处布置景物形成主景。

（4）空间构图重心：将景物布置在园林空间重心处构成主景。规则式园林几何中心即构图中心。自然式园林要依据形成空间的各种物质要素以及透视线所产生的动势来确定均衡重心。

2. 点景

点景是用楹联、匾额、石碑、石刻等形式对园林景观加以介绍、开阔的手法，点出景的主题，激发艺术想象，同时具有宣传、装饰、导游的作用。

3. 分景

分景是分割空间，增加空间层次，丰富园中景观的一种造园技法。分景常用的形式有点、对、隔、漏。

4. 隔景

隔景是将绿地分为不同的景区而造成不同空间效果的景物。它使视线被阻挡，但隔而不断，空间景观相互呼应。通常有实隔、虚隔、虚实隔三种手法：

（1）实隔：实墙、山体、建筑。

（2）虚隔：水面、漏窗、通廊、花架、疏林。

（3）虚实隔：堤岛、桥梁、林带可给景物以若隐若现的效果。

5. 夹景

为突出景色，以树丛、树列、山石、建筑物等将左右两侧加以屏障，形成较为封闭的狭长空间，左右两侧的景观即称夹景。夹景是利用透视线、轴线突出对景的方法之一，集中视线，增加远景深远感。

6. 障景

障景是抑制视线、分割空间的屏障景物，常采用突然逼近的手法，使视线突然受到抑制，而后逐渐开阔，即所谓"欲扬先抑，欲露先藏"的手法，给人以"柳暗花明"之感。常以假山石墙为障景，多位于入口或园路交叉处，以自然过渡为最佳。

为增加景深感，在空间距离上划分前（近）、中、背（远）景，背景、前景为突出中景服务。创造开朗宽阔、气势雄伟景观，可省去前景，烘托简洁的背景；突出高大建筑，可省略背景，采用低矮前景。

7. 框景

框景是利用门、窗、树、洞、桥，有选择地摄取另一空间景色的手法。框景设计应对景开框或对框设景。框与景互为对应，共成景观。

8. 对景

对景是位于绿地轴线及风景视线端点的景。位于轴线一端的为正对景，轴线两端皆有景为正对景。正对景在规则式园林中常为轴线上的主景。在风景视线两端设景，两景互为对应，适于静态观赏。对景常置于游览线的前方，给人以直接、鲜明的感受，多用于园林局部空间的焦点部位。

9. 添景

添景用于没有前景而又需要前景时。当中景体不宜过大或过小，需添加景观要素以协调周围环境或中景与观赏者之间缺乏过渡均可设计添景。位于主景前面景色平淡的地方用以丰富层次的景物，如平展的枝条、伸出的花朵、协调的树形。

10. 漏景

由框景演变，框景景色全现，漏景若隐若现，含蓄雅致，为空间渗透的主要方法，主要由漏窗、漏墙、疏林、树干、枝叶组成。

11. 借景

借景是指利用园外或远处景观来组织丰富的风景欣赏的一种极为重要的造景手段。可以扩大空间，丰富景园。借景依距离、视角、时间、地点等不同，有远借、邻借、仰借、俯借、应时而借……

古典园林的因借手法：内借外、此借彼、山借云海、水借蓝天、东借朝阳、西借余晖、秋借红叶、冬借残雪、镜借背景、墙借疏影、松借坚毅、竹借高洁、借声借色、借情借意、借天、借地、借远、借近……

借远处景色观赏，常登高远眺，可以利用有利地形开辟透视线，也可堆假山叠高台或山顶设亭、建阁。

利用仰视观赏高处景观，如古塔、楼阁、大树以及明月繁星、白云飞鸟……仰视观赏易疲劳，观赏点应设亭、台、座椅。

一年四季，一日之中，景色各有不同。时常借季节、时间来构成园景，如：苏堤春晓（春景），曲院荷风（夏景），平湖秋月（秋景），断桥残雪（冬景），雷峰夕照（晚霞景），三潭印月（夜景）。

第二节　生态理念下园林景观规划设计的策略

一、低废弃——建立循环机制，高效利用资源

（一）场地重生——场地中资源的转化运用

就风景园林设计场地发展而言，合理地利用现场原有资源，既节约风景园林材料采购和建造成本，同时降低废弃物排放给环境带来的负面影响，保留场地原有地方性文化，续写现场文脉和内涵。场地的原始自然条件决定了其具有可开发利用性与可持续性。场址内原有资源以自然资源和人造资源为主。对自然资源的保留主要依赖于人工措施。根据具体情境，我们可以选择不同的天然建筑材料或采纳特定的保护方法，以确保建设项目的质量和安全性。在自然资源的保留和再利用方面，主要关注的是植物资源、现有水体、山体资源、土壤以及地形资源等。最大限度地保存自然资源，可减少因场地自然环境发生重大变更而造成生态平衡破坏，降低场地开发难度和土石方消耗量，同时，它在维持当地生物栖息地和原有小气候环境方面起着重要作用；对于人工资源则需要结合现有场地情况选择合适的使用方式以及相应的养护管理措施来维持其稳定性和可持续性发展，

避免人为活动造成的损坏或污染现象发生。场地内原有人造资源，主要是原建筑和构造、坚硬的铺装场地、道路和由于场地荒废所丢弃的废物等，对于这些土建类材料的合理使用等，能够节约新场地地基铺设及结构搭建所需的材料购买成本、减少施工流程，同时节约此类材料排放带来的运输和处理成本，切实减少风景园林场地清理费用。

在风景园林美学价值实现的原理下，把原场地的素材融入设计风景园林，涉及怎样把旧有元素和新建元素结合起来，使两者能够很好地共生，不发生突兀孤立的局面。对原有资源的保护是景观设计的基本任务之一。从原材料的特定形式上进行分类，处理方式以原状保留为主，修复更新为辅、拆解重构，新旧渗透的各种途径。其中原状保留是基础，修复更新是关键，拆解重构则是手段和目的。原状保留是指以场地内的美学、生态为目标的、具有高度文化或者社会价值的建筑、地形、道路和水体等自然和人工元素、植物和小品等做了原状保留，让它成为人们对原有景观的一种重要缅怀，或者在将来景观中让它的功能继续存在；修复更新是对虽然存在着一些破损和不足，但在环境中仍然有着不可忽视作用和意义的现状景观进行整修、治理和完善并使之持续发挥其应有功能，如遭到小幅度破坏山体、局部硬化和污染河流、外观残破而内部结构仍完好的园林建筑等；改造提升是为了恢复受损景观，需要从多方面着手对原有资源加以重新整合，并赋予其新的内涵和活力。拆解重构是指对原资源进行拆解，使其变成一个较小群组，乃至个体，重新组合使用，使原来的资源形态发生变化，但继续保持着它在风景园林中举足轻重的作用，主要表现在人工资源的加工手法上；复合整合则指将旧的风景园林景观元素融入新建设景观，以达到更好的效果。利用新旧渗透等方法，可以使原资源和新风景园林要素密切结合起来而构成一个统一、互相交融的整体，如原自然河流和新人工驳岸相结合，将新植被类型导入原绿地，组成丰富群落，通过新线引导，将原历史建筑改造成新建景观等。

（二）变废为宝——废弃材料的再利用

生态化风景园林以减少资源索取和减轻环境影响为其自然关怀主要手段，通过减少园林材料消耗和减少废弃物排放，实现风景园林可持续发展。随着全球生态环境问题的不断加重，生态文明理念已经深入人心，而传统风景园林设计方法已无法满足当今社会对绿色生活环境的需求，因此必须转变设计思路，以达到人与自然和谐共生的效果。场地以外废弃材料的合理利用，赋予物料二次生命，给当代风景园林师提供了一个发挥创造性才华的难得机会，让本来就缺乏建造资金的区域与民众有机会欣赏风景园林，正是风景园林社会关怀的良好体现。同时，利用废弃材料营造具有地方特色的景观环境，也能满足人们对精神文化的需求。而对废弃材料采用策略既能减少材料购买成本，也能节约废弃物处理成本和环境影响，从而达到有效降低风景园林开发成本和城市综合运营成本之目的。

从废弃材料来源上进行判别，可分为园林类和非园林类废弃材料。园林类废弃材料大多是指风景园林修建和养护过程中不可缺少的物质，多来源于树皮和枯枝落叶等其他自然环境或风景园林本身的更新和淘汰、植物生长需要的营养土壤等，以及用作道路和场地基础垫层和其他土建类材料。这些素材是和风景园林发展密切相关的，园林类废弃材料是风景园林内部循环得以实现的重要途径。目前，我国对园林类废弃材料在景观建设方面的研究还较少，但已被广泛应用于景观设计之中，且取得了良好的成效。比如，杭州江洋畔公园就用西湖疏浚淤泥作植物种植土壤，使富含有机质的淤泥变成植物生长养料，使园区内植物群落繁茂，健康生长。非园林类废弃材料主要是指大型市政设施和工业设备等、小型生活用具和办公产品淘汰的废弃结构、容器和包装，这类材料通常具有不同于园林材料的纹理、功能、色彩、物理特性等，摆放在风景园林中会有更强的视觉反差效果。利用非园林类废弃材料其特殊作用服务于风景园林，就是要降低社会垃圾的排放量、达到营造创造性风景园林的可行途径。目前世界上许多国家都在积极推广这一理念，并取得了一定成果。如许多废旧市政材料和设施都有稳固的构造，经改造，可用于体育休闲设施和儿童活动场所。另外，许多废旧材料在经过处理之后还可用作建筑装饰或其他用途。西班牙塞维利亚城市游戏场，就是运用了坚固、显眼的交通设施，让贫民区儿童拥有罕见的回转轮、秋千和其他娱乐设施。另外，通过对一些建筑废弃物进行再加工处理，还能生产出大量的人造景观和装饰材料。它为建造资金不足的生态化风景园林建设探索出一条新路子。

二、以持续发展的理念进行资源规划

风景园林的后期养护是维持风景园林长久效益的重要途径，评判风景园林作品优秀与否从来都不只是看其建成那一刻的效果，而是评估其随时间演化而呈现出的长久状态的优劣。因此，风景园林师所肩负的使命比其他行业的设计师更加艰巨，不仅要考虑建成的作品能否满足使用者的需求，还要对风景园林的未来发展与运营有良好的预见能力与科学的规划，使其景观效果长久不衰，历经时间的考验。

（一）科学选择植物与种植方式

植物群落是风景园林中重要的满足生态与美学价值的组成部分，同时是动植物生态系统的重要一环，需要在风景园林建成后投入大量的养护工作。这类养护工作主要包括修剪、施肥、除草、浇水、补植与病虫害防治等，在此过程中，需要投入大量的人力与材料资源。运用可持续发展的理念，科学地选择植物的品种与种植方式，可以提高植物的成活率，呈现较好的景观效果，减少风景园林维护过程中的成本消耗。生态化风景园林受资金制约，很多时候是难以通过常规设计手法来实现的风景园林。但是，为了满足公众对风景园林的需求并体现社会的公平与关怀，风景园林的建造又势在必行。

在野生自然环境下，良好生存的植物主要呈现两种特点：一是对自然环境的高度适应性，体现在其顽强的生命力与耐适应性能力，对恶劣的自然环境具有强大的抵抗能力与萌芽能力；二是对自然规律的良好掌握，这类植物往往不是只依靠自身的能力发展，而是与其他动植物结合，形成稳定的小型生态系统，互相补给与维持，共同生存与发展。耐适应性能力是植物得以在复杂条件下生存与发展的基础。这类植物对生长本应需要的光、温、水、土与其他气候条件的要求较低，因此可以适应更广阔的场地类型与更艰难的生长条件，自身的维持能力较强，主要包括耐阴能力、抗旱能力、耐寒能力、耐水湿能力、耐盐碱、抗污染、耐瘠薄能力与抗病虫害能力等。

在风景园林中使用这类耐受性能力强的植物，可以大大地减少气候变化、土壤条件恶劣与外部侵扰产生的人工维护工作。例如，对于普通植物，在寒流来临之前工作人员就需要对植物采取寒冻预防措施，包括在植物周边扎帷帐、在树干上捆稻草或涂抹防冻液等，这需要花费不少的资金与人力劳动；又如，当水灾或者虫灾等灾害性问题发生时，风景园林养护工作者需要对植物采取排灌或者灭虫措施，否则稍有不慎就会引起植物单棵甚至大面积死亡；再如，浇灌工作是风景园林养护的重头戏，需要消耗大量的水资源与人力劳动，如果选择耐旱性树种，就可以大大减少浇灌的频率，甚至有些野生树种不需要人为浇灌。因此，对于乡土树种、地方性野生树种的应用已经成为有效节约城市风景园林建设与维护成本的重要研究内容。

（二）合理规划电力资源的使用

在风景园林经营中，能源花费以电力资源消耗引起的成本为主。电力是一种可再生能源，也是一种不可再生资源。电力使用主要包括各种照明设备（如路灯、广场灯及草坪灯）、动态水景、植物机械修减装置、风景园林清洗设备、园区电动大门及电瓶车、广场音乐设备和商业小卖服务设施等，这些照明设备运行时间最长，所以，用电量所占比重最大。另外，由于照明需要耗费大量的电费，所以对电力部门来说也是一笔巨大的支出。可通过对照明设备使用情况进行合理的规划，以便降低电力消耗。

除有效节省现有电力设备用电外，寻找发电的途径和降低电能消耗的工具，也是目前生态化风景园林研究的内容。随着我国社会经济的不断发展，人们对环境和生活质量要求越来越高，而这些都离不开电力资源。多数时候，现有可发电的装置，例如，太阳能发电和风力发电，电能储备和转化效率太低，要取得短期经济效益是困难的，且其前期的建造成本较高，是目前建造资金匮乏的生态化风景园林无法承受之重。此外，在传统园林设计过程中对电能需求较大的建筑，往往会导致电网供电压力过大，甚至出现电力不足问题，严重影响城市景观效果与生态环境建设。所以，将这种清洁能源用于生态化风景园林建设的条件还不够成熟，还有待进一步研究，使其建造成本降低与转化效率提高，以便在生态化风景园林中具有较好的应用前景。从生态角度出发，将能耗问题作为衡量生态景观是否具有良好生态效益的重要指标之一，且达到降低电能消耗的目的，研究已取得一定的成果。其中最直接和有效的措施就是采用低能耗的绿色技术来代替传统的空调或照明系统，从而达到节能减排的效果。对风景园林立体绿化和屋顶绿化，能起到调节建筑室温的作用，借此降低制冷设备用电，是全面减少建筑和环境电力消耗费用的有效途径之一。

（三）建立雨水的循环利用系统

在风景园林的维护成本中，水体消耗主要表现在植物的浇灌与风景园林设施的清洗这两个方面。其中，植物浇灌占据了风景园林常规性养护成本总金额的 18%，因此，寻求有效的节水途径，是减少园林维护中水资源成本消耗的重要工作。除了在植物栽培时选择耐旱类的品种，从取水环节上寻找节水途径也是重要的方法。雨水是最廉价的优质水源，量大且易于收集利用。

当前，中国的城市几乎全部采用市政管道排水，使用"末端治理"

的方式处理自然降雨，这使得雨水通过硬质地表径流汇集到城市排水管网，从地下输送至江河湖海。这种方式不但将城市地表的污染与病菌一起带入自然水体，还会在暴雨突发时对城市排水管网造成过大的压力，产生一系列的副作用，如引发城市地表的水患、地表水体倒灌、房屋进水、公路积水等，同时这也是对宝贵水体的极大浪费。

据美国环境保护署测算，当降雨来临时，未开发的自然地表中有10%的水量形成地表径流，50%会下渗到土地中；而当地表硬质铺装达到75%以上时，只有15%的水量会下渗到土地中，高达55%的水量顺地表直接流失。因此，向自然环境学习，通过自然植被进行就地滞洪蓄水，对地表雨水进行降速、滞留、渗透、过滤与收集，可以在降低流速、净化水质的同时为雨水寻找二次利用的可能，缓解风景园林用水短缺的压力。另外，有效的雨水收集除了能够节省风景园林自身水量需求所产生的消耗，还可以带来经济收益。例如，如果占据风景园林50%～90%面积的绿地都可以为地表蓄水作出贡献，那么获得的水量是相当可观的，经过植物过滤净化的雨水可以满足基本的用水功能要求，如工业用水、生活清洗用水、城市环境清洁用水等。通过经济效益补偿，风景园林的综合消耗成本进一步降低。

三、遵循人性需求，精选实用资源

对实现美学价值而言，和造价紧密相关的材料选取，也并非美学唯一的同义词，创造性地进行色彩渲染、细节处理和空间塑造一样，都能在资本投入少的情况下取得很好的美学效益。从这一意义讲，在当前我国风景园林建设过程中，应充分重视并发挥本土植物景观资源所蕴含的人文价值，同时具有生态价值、满足社会价值和文化价值，更多的是通过乡土植被种植、创建参与性活动和地方性材料的使用等各种低成本的方式来实现。从某种意义讲，成本是决定风景园林能否成为高品质景观产品的重要因素之一。所以，人文主义精神启示风景园林师要把满足市民功能需求视为优质风景园林第一衡量标准，没有把风景园林造价作为质量好坏的唯一判断标准，高建造策略、低建造策略，为其提供一种切实可行的方法和理论依据，使本来就缺乏建设条件的风景园林设计成为可能。

风景园林设计低建造策略，体现了设计师的社会责任，以人性需求为第一设计准则，通过对素材的精巧选择，软硬材质合理匹配，对植物材料进行科学的筛选，工业化操作流程，务实的心理分析，高效的人员管理和大量市场调研，以保证良好景观塑造为前提，利用有限的资源和费用，让风景园林符合大多数普通群众的需求。

在风景园林项目的经营中，建设所使用原材料费用在项目成本中所占比例最大，通常在 60% ～ 70%，从而为施工时节省材料成本，是项目成本下降的关键所在。以确保高品质景观为前提，低建造策略所依循的途径如下：首先，注重当地材料使用，地方材料容易取得，数量多，成本低，也易使当地居民产生广泛认同，还易于很好地融入环境中。其次，合理选择施工地点，减少对自然生态环境造成的影响。根据《绿色施工导则》就地取材，使得施工现场 500 km 内所生产建筑材料的使用量占建筑材料总重量 70% 以上，就是有效地节约运输成本、材料获取时间和减少环境污染等重要环节。因此，要想达到高质量景观效果，就必须合理运用地方材料。还可以通过针对材料细节和性能进行研究，使得廉价材料在加工之后的美学价值得到提升，借此来增强素材的艺术价值。再次，针对不同类型建筑，采取有针对性的设计方法与手段，创造出具有地域文化特色的建筑空间。比如，经过对物料的制作过程进行了深入的研究，物质的色彩、形态和质地都发生了变化；或凸显和放大材料具有的反光性、延展性、可塑性和抗压性等一定物理学特征、耐腐蚀性等性能，将其打造成景观中的一个亮点等。最后，通过对材料特性及用途的分析，了解材料在景观设计中的作用和意义，并利用其自身所具备的优势来满足人们不同的审美需求，创造出更多具有美感的园林景观作品。此外，还通过工业化流程对风景园林施工过程进行管理，使得风景园林材料能够按照规范的方式进行建设和施工，有效节约施工人员工作时间、降低工作难度，有利于物资的购买、统一应用和后期替换一次完成。

长期以来，人们认为植物景观是调节情绪、舒缓精神、锻炼身体的行之有效的形式，大面积绿地栽培，给市民的带来改善的场地和条件，更能彰显风景园林人文关怀精神。随着城市化进程不断推进，人们对于绿化美化提出更高要求，因此需要更多的园林绿化施工技术作为支撑。选用乡土类植物材料，可在较少经费的情况下让植物材料的购买和养护成为可能，同时能够让公众在地方文化感知上产生共鸣，使生态功能、美学功能和文化功能得到同步满足。

人文主义强调以人为本，以符合公共使用功能为施工的基础和准则，更是减少无谓闲置景观、增加风景园林可利用程度的重要途径。在现代景观设计中引入了更多人性化因素，如环境设施和空间形式等，使其更具实用性及艺术性。以心理学为依据对人性需求进行分析，并以广泛性社会调查为设计参考依据，可在有限经费条件下，打造大众最为关注的景观类型。

第三节　园林设计中生态文明的表达

一、规划层面的表达

（一）多方位的平衡

生态学原理告诉人们在一个生态系统之中，相对稳定的平衡状态是在各种对立因素互相制约中达到的。在规划中，人们同样会面临各种对立因素的协调问题。包括自然资源的保护与恢复、土地的多功能使用、交通体系的畅通、抗灾系统的稳定以及民俗文化的传承等。虽然在对场地的评价、适宜性分析和概念模型建立过程中可以引入计算机技术，但在影响因素的权重确定、方案优化评价方面仍以主观判断为主。

作为开发建设的规划者，应审慎考虑可能性、经济性、合法性、趋利避害等问题。要考虑近期利益与长期利益的平衡，哪些可以牺牲，哪些必须坚持，以经济、适用、美观为原则进行方案的比较。

（二）分步骤、分阶段的建设时序

设计曾被形容为是在创造一种形式，一种一经创造便是永久的且无法改变的形式。然而这同生态的园林建设价值不符。自然界的各个层面都处在不断演变的过程中，人的行为也同样处在变化中。因此，设计也应被理解为一个可以改变的过程，并且设计师应该为改变采取预留措施。

在开发建设过程中，人们先要考虑该建设是否需要，是否迫切。一个新城区的绿地建设往往不需要一次性完成。在开始阶段，人们只需要建设能够支撑初期使用量的内容就可以，尽量将不需要的部分在满足安全的基础上保持原始状态，充分发挥其天然的生态效应。以停车场为例，如轨道交通新站点、新社区周边绿地的停车场，它们从开始投入使用到发展成熟必定需要经历一段较长的时间，设计完全可以在初期用绿地代替部分停车位，直到真正需要的时候再完成全部工作。

二、设计层面的表达

（一）地形设计

1. 保护自然地形

自然界中地势的高低起伏形成了平地和坡谷，两种形态创造出截然不同的空间和生态环境。中国传统山水文化视野下的山体设计讲求"高远、深远、平远"的设计法则，《园冶》中说"园地唯山林最胜"，因为"有高有凹，有曲有深，有峻而悬，有平而坦，自成天然之趣"。从生态学意义讲，这种起伏变化形成了阴、阳、向背，创造出不同的小气候，为生物提供多样的栖息环境。

地形产生的生态效应主要是太阳辐射和气流两因素共同作用的结果。

不同朝向、不同坡度的坡地享受的日照长短和强度都有所不同。总体来说，坡度越缓，可照时间越长；反之坡度越陡，可照时间越短。据研究测算，在北半球同一纬度同一海拔，2°～5°的北坡日照强度降低25%，6°的北坡日照强度降低50%[①]。向光的坡面有利于植物的光合作用，背光的坡面土壤湿润，是菌类、蕨类植物赖以生存和发展的环境。

地形对气流有阻挡和引导作用。地势的凸起可以阻挡强大的冬季风；几段高地围合出的洼地、峡谷可以引导气流的通行，马蹄形的围合空间还能起到藏风聚气的作用。

2. 塑造人工地形

人为塑造地形，就是要形成满足多种生物所要求的小气候条件。随着人类活动范围不断扩张，城市用地越来越多，人们对绿化的需求也与日俱增，而传统的园林建设已无法满足现代社会发展要求，于是一种新的设计手法——人工地貌应运而生。在以灰色环境为主的今天，人工地形塑造可以提高环境绿量，由于土山整体坡面积要比其占地面积大得多，为见缝插针式的城市绿地寻找一条切实可行的扩容出路。沉床式的地形处理，使小场地被树荫掩盖包围，从而隔离噪声、扬尘。通过植物配置，使之成为一个具有一定高度、宽度、形状和质地的景观空间，从而达到改善空气质量、调节温度等目的。设计模仿天然人工地形，不管它有多大，其曲径通幽，或脊或谷、虚实相生，无不给人类及其他生物营造出了千姿百态、合适的生存空间，把生物多样性付诸实践。同时植物生长

---

① 陈益峰. 现代园林地形塑造与空间设计研究 [D]. 武汉：华中农业大学，2007：25.

能净化空气，使之清新宜人，使人感到舒适愉悦。气流于此减速降温，也可以有效地缓解城市热岛效应。

（二）种植设计

1. 植物群落的构建

在自然界中，很少有植物能够单独生活，多是许多植物生长在一起，占据一定空间和面积。这种在特定空间和时间范围内，具有一定的植物种类组成、一定的外貌及结构、与环境形成一定相互关系并具有特定功能的植物集合体，称为植物群落。植物群落有生态学上演替的过程，即经过迁移、群聚、竞争、反应、稳定等过程，一种植物群落会被另一种植物群落所替代。达到稳定状态的群落称为顶极群落，人们的设计就是要建立可以向顶极群落演替的植物群落结构。

值得注意的是，只有植物群落才能发挥最优的生态效益，而在很多设计中，人们看到的不是植物群落，而是植物组合，主要体现在：城市道路的植物搭配以灌木＋乔木、草坪＋乔木为主；高速公路两侧30～50 m林带以单一乔木为主；居住区中以草坪＋少量灌木＋少量乔木为主；广场绿化以草坪＋少量灌木为主。这样的植物组合虽然有一定降温、降噪、制造有氧环境的效果，但它往往是脆弱的，容易导致草坪退化、病虫害增多等后果。

2. 考虑植物间的相生相克影响

植物间的相互生发、相互克制作用是植物生存竞争的一种表现形式。植物生态学把这种相生相克的影响称为"他感作用"。所谓"他感作用"，指植物通过体外分泌某些化学物质，从而对邻近植物发生了有害或有益的影响①。比如，澳大利亚某种桉树会分泌萜烯类化合物，抑制其他植物发根，因此这种桉树周围的其他树很难正常发育。实际上，在植物的生命活动中，植物各部分器官会产生近百种化学分泌物，它们通过空气或土壤的传播改变其他植物的生存环境。

相生的植物种在一起可以相互辅助，达到共生共荣的效果。比如，百合和玫瑰种在一起可以延长二者的花期；山茶花和山茶子种在一起可以明显减少霉病；松树、杨树和锦鸡的组合也能促进生长。如果人们了解这些关系，一方面可以为种植选择提供更多可能，另一方面可以大大减少人工养护的力度。

对于相克的植物，种在一起会影响彼此的长势，甚至会导致死亡，要尽量避免。常见的相克植物有：丁香与铃兰；桧柏与梨、海棠；玫瑰与木樨草；绣球与茉莉；大丽菊与月季；松树与接骨木；柏树与橘树。此外，人们也可以对相克关系加以利用，如通过植物抑制蔓生的杂草，从而减少对化学除草剂的依赖。

3. 考虑环境因子对植物的影响

环境中各生态因子对植物的影响是综合的，植物生活在综合的环境因子中，缺乏某一因子植物均不可能正常生长。园林植物主要的生长环境因子包括光照、水分、土壤等。这些因子相互构成了植物生活的复杂环境，植物的生长状况就取决于这个复杂的环境状况。

（1）水因子。水是植物赖以生存的物质条件，还对植物的形态结构、生长发育有一定的影响，如繁殖和种子传播。植物与水相互作用形成复杂的生态系统。植物对于水的适应，表现出一些特点，从而形成不一样的植物景观。因此，了解水分与植物景观之间的关系及其变化，对于园林设计师来说非常关键。此外，水分在植物体中起重要的作用，植物吸收与输送

---

① 王桂龙. 植物间的他感作用及其应用 [J]. 作物研究，1992（3）：4-7.

营养物质及光合与呼吸蒸腾和其他生理作用，均须有水参与。

（2）光因子方面。根据适应光照强度不同，植物有阳生植物、阴生植物、耐阴植物3种。其中，阳性植物主要指那些具有强烈光合作用能力并能产生大量光合产物以满足自身生长发育需要的植物。阳性植物只有在强光环境下才会茁壮成长，需要全日照，当其他条件合适时，不会出现光照过强现象，相反，在荫蔽或者弱光的情况下，发育不良。但阴性植物在微弱的光照下长势较好，常生于背阴处，也生于密林下。耐阴植物则以全光照条件下的长势最佳，却又耐得住适度的阴湿，或生育过程中的一段时间需适当遮阴。

（3）土壤因子等。按植物适应土壤酸碱程度来划分：酸性土植物，中性土植物和碱性土植物；盐渍化土植物，包括干旱瘠薄地区和半湿润半干旱区两种类型。盐碱土中按照根茎植物发育水平可以划分为喜盐植物、抗盐植物和耐盐植物。

在实践中，对于栽植地的土壤进行细致的调查工作，不容忽视。只有通过科学有效的方法来调查了解当地土壤的具体状况，才能做到有的放矢，从而制定出科学合理的措施。准确掌握土壤状况，可为后期经营管理提供十分宝贵的资料，利于降低生产成本。目前我国对于土地资源的开发越来越重视，为了保证农业生产质量，需要做好土壤改良工作。例如，客流量较大的路段，为了降低土壤板结程度，需要改造土壤和营造混合土。混合土能使土壤结构变得致密，增加了土壤透气性，提高土壤抗冻性。混合土内骨架材料具有抗踩踏能力，材料细致，空隙度较大，能满足根系生长的需要。此外，改良后的土层也可增加植物的存活率。土壤管理要多措并举，例如，有目的地引导旅游者到踩踏抗性较强的地区参观，以免对其他地段土壤造成损害。

4. 对植物群落的梳理

实践证明，对植物群落的保护不应停留在放任其生长上，人工的适当疏伐能够促进群落的整体健康。因为疏伐可以改善群落内的环境条件，给植物生长提供更多空间。有时自然林地中的植物过于密集，植物对生存空间的竞争过于激烈，就要通过人工梳理让一些灌木和草本也能够生长起来，让细高的老树变得粗壮一些。

（三）水景和水系统设计

为什么水令人神往，为什么多数人都有亲水的天性？从表象上讲，水的多变使人精神愉悦。正如宋代郭熙所描述的那样，水其形欲深静、欲柔滑，欲汪洋、欲四环、欲喷薄、欲远流[①]，能给人带来视、听、触、嗅等丰富的感官体验。从本质讲，水是生命之源、生存之本。生命体内各项生理活动都需要水的参与，它承担着溶解、运输和代谢物质营养的责任。水还能够调节气候，大气中的水汽可以阻挡地球辐射量的 60%，保护地球不致冷却，海洋和陆地水体在夏季能吸收和积累热量，使气温不致过高，在冬季则能缓慢地释放热量，使气温不致过低。多种益处自然让人们对水产生亲近感。

无论在东方还是西方的风景园林设计中，引入水、利用水的有益功效提升环境品质是朴素的生态表达。然而，随着环境压力的增加，园林中的水景和水系统已不再仅仅作为环境升华的设计了，它还要承担清洁、净化环境等务实的任务。

1. 活水设计

水，活物也。早在古代人们就总结出"流水不腐"的经验。这说明水的价值只有在运动中才能体现，否则就是一潭死水，成为发黑变臭、蚊蝇滋生的卫生死角。之所以流水不腐，用科学语言来解释是"曝气"作用的结果——水在运动中与空气的接触面增加：一方面交换出水中的有害气

---

① 郭熙，张琼元. 古典新读林泉高致 [M]. 合肥：黄山书社，2016：3.

体（如二氧化碳、硫化氢等），防止水变臭；另一方面获取空气中的氧，使水中的溶解氧增加，达到去除有害金属物质（如铁、锰等）以及促进需氧微生物活动的目的。

园林设计是对空间的设计，因此通过空间变化来创造活水是经济实用的方法。主要的方式如下：

（1）高差设计。高差变化是创造活水最直接也是效率最高的方式。瀑布、跌水、喷泉等设施能创造水位落差，将水的势能转化为动能，在产生动态水景的同时增加水体与大气和水底的接触，使水的活力得到释放。

（2）曲直变化。自然界中的河流天然呈现出蜿蜒的形态，使水流在曲折间时急时缓。设计曲直不一、宽窄不同的水道，能促使水在急流中自然曝气、在缓流中沉淀有机物。

（3）障碍物设置。在水中适当布置石头、小品等设施，当水流撞击到障碍物时，水的流速改变，水花飞溅，实现曝气的过程。

2. 水循环设计

从理论上说，水是一种可再生资源，由于自然循环过程，维持了地球水量平衡。自然界的水循环起着联系地球各个圈层的物质和能量传送作用、调控气候变化、形塑地表万象、产生淡水和其他功能。水是不可替代的自然资源，是人类生存和发展必不可少的条件。但人类生产活动不断地扰动着自然循环过程中的水分。特别是城市建设和工业生产带来大量废水排入河流湖泊后，使得地表水体遭到破坏，导致水体污染严重。如公路、广场、大楼等，以及人工河道和其他大范围不透水的表面，妨碍水流向下渗透，使得降水在没有经过地下循环过程的情况下，就被直接蒸发掉，返回到了空气当中，导致地下水补给量不足。再如污水排放过量，超出水的自净能力。

水循环是一个复杂的动态循环系统，包括许多环节，与人类社会生产活动密切相关。全球性水循环都与蒸发有关。水循环中的各个组成部分之间存在着相互作用关系，这些相互联系的要素形成了完整的水循环系统。其中蒸发、径流与降水构成了水循环过程中的三个主要步骤。因此，水循环对于人类社会发展至关重要。对于园林设计来说，维持水循环设计可在一个很小的区域内完成，对于水的渗透，水的回收等重点问题进行了特殊的考虑。因此，如何将自然条件下形成的水文系统改造为适合城市建设需要的水资源管理方式就成为一个重要课题。对此，雨水花园已经出现，已有学者对生态渗透池和生态过滤装置进行了深入研究，在此不赘述。

3. 水生环境营造

单纯的水只能作为生态系统中的无机环境组成，一个完整的生态系统需要无机环境和生物群落共同构成。因此，生态的水景和水系统设计需要动、植物和微生物的参与，它们扮演着生态系统中生产者、分解者和消费者的角色。受污染的水可以成为维持水中生物群落正常生长所必需的营养成分，在促进生物和微生物生长的同时净化了自己。一些水生植物本身具备吸收金属等有害物的功能。水生动物的排泄物和植物新陈代谢脱落的残花败叶会携带环境中的污染物汇集到景观水中，经过水中微生物的分解，污染物转化为无害的无机物，又被水中动、植物吸收利用，形成生态系统中无机物与有机物间的循环。这种循环使有害物质被分解，能量获得释放。

根据上述原理，生态的水生环境设计可以通过两条途径实现：一是选取适宜的植物材料和动物种类投入水中；二是适时对水中动物、植物和微生物进行增补或移除，保持水体中各种群数量的均衡。另外，水中的生物群落还可以起到生物监测的作用，一旦水环境中出现生物病态或死亡的现象，说明水质已受污染，警示人们不能在该区域内做戏水活动。

（四）驳岸处理

驳岸是河流与陆地的交接处，在这里有多样的物种类型，边缘效应显著。但是，人们为了免遭洪水灾害，保护自己的生存空间，不得不通过一些措施切断水、陆间的联系。因此，生态的驳岸处理就是在保障行洪速度、保护河岸免受河流冲刷和侵蚀的同时，考虑水、陆间物质和营养的交流，增强水文和生态上的联系。更高要求的生态驳岸要在保护的基础上，为多样化的边缘效应创造环境。

1. 传统生态驳岸

驳岸的生态设计和改造自古有之，尽管那时人们还没有将其冠以生态之名。战国时管子主张"树以荆棘，以固其地，杂之以柏杨，以备决水"。最早，人们采用捆扎树枝的技术来稳固黄河沿岸的斜坡，防止洪水侵蚀；德国保护河岸的生物工程技术运用已有百年历史；美国有记载的生物工程应用始于 20 世纪二三十年代。这些都体现了朴素的生态观。遗憾的是，随着科技进步，这些传统的护岸技术逐渐被人遗忘。

（1）天然材料固岸。在没有水泥合成技术的时代，古代治河工程中就常用树枝等较软的材料来捆端、堵口。这实际上是利用这些材料进行土壤生态改造技术。木桩、梢料捆（梢芟、薪柴、秸秆、苇草等材料）、梢料排、椰壳纤维柴笼、可降解生物纤维编织袋等，安全无污染，在实际应用中通常组合使用。比如，梢料捆和活体木桩是一个加固岸坡的常用组合；椰壳纤维柴笼可以和植物、梢料排等共同使用。

（2）植被护岸。植被护岸使自然原型得到最大限度的保存，它的基本原理就是植被根系扎根于土壤之后，所发挥的物理固定作用，并伴随着植物长高，河滩上自然会形成遮天蔽日的树荫，树荫下水温控制较好，水草不会繁殖过度，给水生动物栖息繁衍创造了良好的条件。因此，在我国北方一些河流、湖泊或水库周围都会有大量种植植被的情况，这成为保护河道生态环境的重要方式。常用植被应该是柳树，通常的做法是用柳条扎成捆，横卧水边，并以木桩固定，最后盖一层薄土，数周后，柳条就开始扎根了，牢牢拥抱土层，从而达到加固河岸之效果。另外，还有一种方法就是用一些草本植物如芦苇、美人蕉等来充当护坡材料。在水流、波浪较缓处，芦苇和其他水生植物也能发挥作用。一些小型水生生物如水蛭、小鱼等也可作为护坡植物使用。但是水流湍急地带，活体植物材料（根、茎、枝等）通常需要经过人工处理，以增加固定力度。此外，也可采用一些其他方式来增加固岸效果。具体的处理技巧是捆扎、排柴笼、搭植被格、架木龙墙。

2. 传统生态驳岸的局限性

传统生态驳岸的做法虽然对环境产生的负担很小，但仍然存在很多局限性：

（1）稳定性。可以肯定的是，传统生态驳岸做法比不上水泥硬质驳岸坚固，如果没有大量当地地水环境的基础资料以及多学科专业人士的技术分析支持，这种驳岸使用需要承担的风险较大。

（2）时间性。树枝长成大树需要时间，如果在工程实施不久后就遭遇洪水，要及时修护损毁的部分，否则将影响到后期使用。

（3）方便性。由于加工植物材料要在植物的休眠期进行，施工时间受季节限制。而且削枝、劈切、捆扎、固定基本靠手工劳作，人力成本较高。

3. 当代常见的生态驳岸

（1）天然石材护岸。天然石材不但具有强大的固定作用，且石块表面凹凸清晰，石块之间有较大空隙，能给生物预留栖身的地方。因此，在修建护坡时，要根据当地气候条件和环境特点合理选择石料种类，并尽量做到就地取材。在水流冲击并不很强烈的区域，护岸顶部可采用干砌（而不是砂浆）松散铺设砖石并留有间隙。如果是为了保护野生动植物的生存繁衍而修筑防护墙的话，就需要将石质材料做成一定厚度的砖块来覆盖石缝和空隙，从而形成一个坚固完整的护坡体系。野生植物从缝隙里长出来时，护岸轮廓生涩感模糊，渐渐地表现出一种天然的面貌。

（2）生态混凝土护岸。对混凝土材料进行材料筛选，加入功能性添加剂，用特殊工艺生产，经过这样一系列操作后，与一般的混凝土相比，生产出来的生态混凝土灌注的酸性物质较多，如木质醋酸纤维，减少水泥碱性，使得周边的水环境趋向酸碱平衡。此外，生态混凝土还含有大量微生物菌群，可有效抑制有害病菌繁殖生长。从构造看，生态混凝土孔性大，透气透水性好。另外，还可以有效地阻止有害微生物对建筑的侵蚀。水流冲击墙体的过程中，水分和其中夹带的营养物质都将残留在间隙之中，发挥生物净化功能。

（五）材料使用

生态系统中的每个物质元素，都有它生存的生命周期。因此，人们必须对园林设计进行科学有效的分析，以保证园林工程健康有序发展。近年来，我国国民经济快速发展，人民生活水平日益改善，很多园林建设项目都瞄准了豪华尊贵的外观、创造精品的一面。在这种背景下，大量具有一定历史文化价值或自然美学价值的园林建筑应运而生。这些园林高档奢侈之处，最为直观的表现就是它们对材质的运用。这些表面光鲜亮丽的材质，确实可以为使用者提供赏心悦目的感觉，但是，人们在对它们的收集、处理、利用、养护直至最后报废这一生命周期所做的事情，使环境负荷越来越大。在经济利益驱使下，一些人为了追求短期经济效益，不惜以牺牲生态环境为代价进行生产或建设活动，从而使原本脆弱的生态遭到严重破坏。这种以未知环境代价换取暂时满足的做法违背了可持续发展原则，还会影响生态系统各个生命周期内的正常运行。

其实材料本来就没有高低之分。在环境日益恶化的今天，材料作为一种特殊的人类活动因素已越来越受到人们重视，生态设计是将这些影响与可持续发展联系起来的有效方法之一。对于某一材料进行生态考虑，关键是要了解该材料生命周期。从这个意义讲，材料是人类社会赖以生存和发展的基础之一，材料质量优劣直接关系着整个生态环境。对园林设计师来说，因专业范围所限，资源摄取某物质，不能对能源消耗量、有害物质释放量的信息进行独立评判，这就要求人们必须咨询专业人士。

1. 就地取材

每种材料的内涵能量与其原料的开采、制造方法和过程、运输距离的远近有密切关系。总体来说异地运输来的材料比本地材料蕴含更多的能量，因为材料运输过程中要大量耗费不可再生能源，要排放废气，造成环境污染，并且徒增建设成本。

近些年，交通运输的便利实现了人们看世界的愿望，也激起了部分人把世界搬回家的想法。于是人们为了创造独一无二、高端奢侈的精品园林不远万里去广罗奇材。实际上，地方材料是地域环境的产物，有其存在的合理性，也是塑造地方特色的有力工具。只要设计师用心去解读材料，把握好材料的质地、纹理和色彩等特征，同样能化腐朽为神奇，创造出优秀的作品。例如，在位于美国亚利桑那州的菲尼克斯动物园中，坐凳、文化墙、景墙等一系列园林构筑物都以夯实的素土和当地岩石为主要材料打造出来，使园区基调统一并且浑然天成。

2. 传统材料的创新使用

以前，有木材、砂石、竹子、瓦和砖块等传统园林材料，它们或自然或只经过简单处理就表现出了自然、古朴之美。在生产力飞速发展和加工技术日益提高的今天，天然元素变幻着千姿百态的容颜，它们有的光滑、有的平坦、有的色泽匀整、有的缤纷多姿，给人以无穷的视觉乐趣。这些材料不仅满足了人类生活需求，还成为城市景观中不可缺少的一部分。然而现代加工技术的发展付出了能源消耗、环境污染等代价，机械运作要求化石燃料的燃烧，最后，化学染色剂被排入厂址附近河水中。同时，这些材料本身会被污染。生态园林建设，给设计师们提出了更多的要求，要使有限度的天然材料表现出无穷的表达形式，对独具智慧的传统技术应加以传承与发展，透过非工业化流程，让普通的物料不寻常。

当代建筑和园林设计中不乏一些重新演绎传统材料和工艺的精彩作品。近些年石笼墙的广泛应用使天然石块发挥出更大作用。石块不需要被打磨成统一的规格和颜色，通过设计所需强度和体量的金属网架装进石块去就能达到划分空间和装饰环境的效果，可谓物尽其用。建筑和景观设计师路易斯·巴拉甘（Luis Barragdn）放弃了化学涂料，用墨西哥当地的花粉和蜗牛壳粉混合以后制成的染料粉饰其房屋和景观，天然无污染，耐久力也不比化学涂料差。

3. 废材料再利用

废材料再利用这一命题，实质上就是重新认识生态系统自我更新与再生能力，因为就算系统再好调节消化，也经不起无节制攫取与堆积。因此，从某种意义上说，人类的活动破坏着自然界的平衡。统计表明，全球每年都会产生大量垃圾，其中建筑垃圾几乎占据一半。这些废弃物包括水泥、玻璃、木材、钢材等各种建筑材料以及其他一些工业产品。如橡胶、金属、塑料、混凝土等材料在制造过程中，会耗费很多能源，要将其分解，至少要耗费相同能量，花费无法估计的时间。把这些废弃物直接填埋或焚烧的话，不仅浪费资源，还会污染大气，但它们均可作为园林创作之材料。如果人们能够合理地利用这些废弃物，那么它们将会给人类带来更多的财富和便利。要培养人们节约资源的意识，在具有保护环境责任感的前提下，才能发挥主观能动性变废为宝，多为负载的环境分担一些压力。

4. 新材料的研发和使用

新材料所呈现出来的风貌，常常和人们头脑中所设想的生态场景之间存在着距离。传统上认为生态是人类在自然中生存所必须遵循的原则。但在处理生态时要综合思考，运用新观点、新思想、新技术、新材料本身就是一种生态追求。建筑师要从自己的角度去看待这个问题。建筑师托马斯·赫尔佐格从来不反对使用新发展起来的材料或技术，因为某些技术能够使用较少材料达到相同功能要求，或寿命较长。他认为，如果不考虑当地气候条件和环境问题的话，那么在建筑设计上应用新材料是一个很大挑战。德国的建筑与景观均大量采用钢材与玻璃，由于这些物资的建设速度较快，施工能耗小且可循环利用，对于场地的要求不高，能适应今后功能上的改变。同时，这些材料还具有良好的防水性、防火性及隔音性能。此类材料可在德国推广应用。此外，随着自然资源的日益匮乏，加之垃圾倾倒及处理费用不断上升，如今新材料的研究和开发潮流也朝着简约易分解、可多次利用等方向发展。

第四章　生态园林景观全方位设计

第一节　生态公园景观设计

生态公园景观作为城市绿地系统的重要组成部分，架起了一座人与自然联系的桥梁，是城市文明发展的重要标志。随着经济、社会和科技进步，公园绿地景观建设快速发展，而城市化进程的加快，城市环境问题日益突出，生态公园景观艺术设计成为时代需求的产物。

一、生态公园景观及其发展历史

（一）生态公园景观

生态公园是供公众游览、观赏、休憩、开展科学文化及锻炼身体等活动，公共绿地有较完善的设施和良好的绿化环境，具有改善城市生态、防火、避难等作用。公园的规划设计要以一定的科学技术和艺术原则为指导，以满足游憩、观赏、环境保护等功能要求。

（二）生态公园景观的发展历史

市民的游园娱乐活动多集中于寺庙附属园林，以及城郭之外风景优美的公共游乐地。城市公园的出现，是随着社会的蓬勃发展，最近一二百年才开始的。如美国的中央公园（Central Park），一百多年来，在寸土寸金的纽约曼哈顿始终保持了完整，用地未曾受到任何侵占，至今仍以它优美的自然面貌、清新的空气参与当地的空气大循环，保护着纽约市的生态环境。

二、城市带状生态公园

带状公园与绿地是当代城市中颇具特色的构成要素，承担着城市生态廊道的职能，对改善城市环境具有积极的意义。同时对其进行精心设计，也可以进一步丰富城市的艺术形象。它的网状分布，为城市居民亲近和接触绿色的开放空间提供了便利，而道路沿线的绿化对于更有效地组织城市交通也会产生良好的效果。

（一）带状公园的景观格局特征

生态公园景观空间形态呈线性带状且具有较高的连接性。一方面可以为生物物种的迁徙和取食提供保障，为物种之间的相互交流和疏散提供有利条件；另一方面，这种线性空间鼓励步行、骑自行车、慢跑等活动，这些活动有益于促进人们的健康。还可以用来连接城市中彼此孤立的自然板块，从而构筑城市网络，缓和动植物栖息地的丧失和割裂，优化城市的自然景观布局。

生态公园景观具有良好的可达性和较好的安全性。城市带状公园与广场和矩形公园等集中型开放空间相比具有较长的边界，给人们提供了更多接近绿色空间的机会，因此能更好地满足人们日益增长的休闲游憩的需要，而大多数的城市带状公园的宽度相对较窄，视线的通透性较好，因此许多人都认为这种环境比广阔幽深的公园更加安全。

（二）带状公园的类型

按照城市带状公园的构成条件和功能侧重点的不同，可分为生态保护型、休闲游憩型、历史文化型三种。

1. 生态保护型

生态方面有重大意义的带状绿地等，保护城市生态环境，改善城市环境质量。生物多样性的修复与保护是其首要目标。随着城市化进程不断加快，许多传统的城市公园已经不能满足现代人们日益增长的精神文化需求，出现了大量与自然相融合的新型绿地。具有代表性的大致分为两类：一是沿城市河流而上、顺小溪而设，由水体、河滩和湿地、植被等所构成的绿色廊道，成了动植物理想的栖息地；二是与城市交通干线相结合建设绿带，如上海市的外环线上的绿带、英国伦敦环城绿带。这两类绿带都属于"点—轴"模式。这类绿带大多分布在城市边缘或者城市各个城区间，宽窄不一，少则几百米，多则数千米，此类绿带正在增加生物多样性，对防止无节制的城市蔓延、掌控城市形态、完善城市生态环境、增强城市抗御自然灾害能力等，都起到了不可忽视的影响。

2. 休闲游憩型

以供人们开展散步、骑自行车、运动等休闲游憩活动为主要目的。主要有三种：第一种是结合各类特色游览步道、散步道路、自行车道、利用废弃铁路建立的休闲绿地；第二种是道路两侧设置的游憩型带状绿地；第三种是国外许多城市中用来连接公园与公园之间的公园路。这种绿带宽度相对较窄，为形成赏心悦目的景观效果，往往采用高大的乔木和低矮的灌木、草花地被结合的种植方式，其生物多样性保护和为野生生物提供栖息地的功能较生态保护型弱。

3. 历史文化型

以开展旅游观光、文化教育为主要目的。如结合具有悠久文化历史的城墙、环城河而建立的观光游憩带；结合城市历史文化街区形成的景观风貌带。这种带状公园在丰富城市景观、传承城市文脉等方面发挥着重要作用，同时还能带来可观的经济效益。

三、城市公园设计

（一）城市公园立意设计

在人的印象中，空间环境是场所，时间是场合，场所感包括场所与场合两个方面，人们不得不融入时空的意义，因此这一环境场所感在城市环境改造设计的过程中须被重新理解和运用。公园之立意，亦应优先考虑人民大众之意愿，满足人们对公园一定功能的要求。

（二）城市公园分区设计

为了满足不同年龄、不同爱好的游人多种文化娱乐和休息的需要，要根据地理环境来确定公园的主要功能分区和相应的形式。面积比较大的公园分区会相应地比较多，分区时要注意不同功能区域之间的相互联系、动静的合理分布等。

（三）城市公园的交通设计

园区绝大多数区域都加工成草地和树丛、水面等"自然"的形态，人们活动的范围限制在园路之内、广场等地。这种单一平面式的道路布局使城市景观显得单调、呆板。现代社会快节奏的生活，影响着人们的思想与行为方式，人们爱走捷径，往往不考虑现有道路设计，并直线通过草坪。这样不仅使周围绿地中植物景观失去了原有的美感，而且还造成大量车辆与行人拥堵。同时因为开放以后，许多周围居民由于劳动、学习而常常在公园里穿行，缩短途中所花费的时间。另外，随着经济发展，市民对周围景观要求越来越高，但现在大部分的公园都是由政府投资建设的，没有专门管理部门，不能满足公众需求，造成资源浪费。因此公园对城市全面开放，应该更多地考虑入园的交通组织问题。

（四）城市公园植被设计

通常情况下，公园内的园林植物品种较为集中，因此场地分析中，对本地进行植物配置时的情况进行调查，如乔木与灌木、落叶与常绿、快长与慢长树种的比例，以及草本花卉和地被植物的应用。通过对不同类型公园进行实地调查，总结出适宜城市森林公园绿化种植的树木品种及园林配置模式。设计以适地适树为主，主要是乡土树种，在通常情况下，当地原产乡土植物最能反映当地风格，游客们都很喜欢，更能抗御灾难性气候，种苗容易获得，容易成活。

（五）公园入口设计

公园的入口是公园给游人的第一印象，它往往是公园内在文化的集中体现。同时，公园的入口是划分公园内外，转换空间的过渡地带，除了集散功能外，还要注意结合整个公园的性质、所处地位、当地居民、地域文化等来进行综合分析。一般通过道路等级的降低、路面材质的改变、与自然地形地貌结合等不同的形态，成为内外空间限定的要素。

四、生态公园景观设计原则

公园规划通常是将造景与功能分区结合，将植物、水体、山石、建筑等按园林艺术的原理组织起来，并设置适当的活动内容，组成景区或景点，形成内容与形式协调，多样统一、主次分明的艺术构图。综合性的公园有观赏游览、安静休息、儿童游戏、文娱活动、文化科学普及、服务设施、园务管理等内容。公园规划和设计必须考虑植物、地形、地貌、气候、时间、空间等自然条件的影响，因地、因时制宜，创造不同的地方特点和风格。

综合性公园具有观赏游览、幼儿玩耍、文娱活动、文化科学普及、服务设施、园务管理等功能。它以满足人们多方面需要为目的，具有一定规模和较高观赏价值的人工环境，在城市园林中占有重要地位。在公园规划设计时，一定要考虑到植物、地形、地貌、气候、时间等因素，空间和其他自然条件因地、因时而异，营造出不一样的地方特点与格调。公园规划设计应遵循以下原则：

（一）地域性原则

充分调研当地自然条件和人文资源，保护和传承地方特色。

（二）功能适用原则

明确公园的性质和功能特点，围绕功能需求展开设计，创造良好的娱乐条件和户外休闲环境。

（三）因地制宜原则

尊重土地原有自然文化特征，充分利用公园场地内的植物、水体、山石、地形等自然资源开展规划设计。

（四）创新性原则

随着社会发展，人们物质生活水平进一步提高，广大群众对公园绿地的要求在不断变化：由去公园散散心向求知、求乐、求趣转化；由观光型的静态游览向全方位、多样性、可参与型的休闲娱乐转化。公园规划设计中提出新问题、新观点，大胆创新，更好地满足人对环境的需求，推动社会的进步。

（五）可持续发展原则

应正确处理好近期建设与远期发展的关系，公园今后的经营管理、经济效益放在重要位置进行综合考虑，以保证投入的资金得到应有的回报，从而使园林职工的积极性得到充分发挥，公园的运作真正走上良性发展的轨道，达到自我维持、自我发展的目的，保障公园景观的生态效益、社会效益和经济效益，便于可持续发展。

第二节　生态广场景观设计

一、生态广场的定义

城市广场作为一种城市艺术建设类型，它既承袭传统和历史，也传递着美的韵律和节奏一种公共艺术形态，还是一种城市构成的重要元素。在日益走向开放、多元、现代的今天，生态城市广场这一载体所蕴含的诸多信息，成为一个规划设计深入研究的课题。

生态广场具有开放空间的各种功能，并且有一定的规模和要求。在城市的中心建设供人们公共活动的广场；围绕一定的建设主题来配置的一些相适应设施、景观小品或者道路等围合的公共活动场地构成生态广场。由于生态广场具有供人们进行各种集体活动的功能，因此，在城市的总体规划设计中，对广场的布局做系统设计，广场的面积大小取决于城市的性质与规模。生态广场建设的规模要与用途相一致。

二、生态广场的空间形式

生态广场的空间形态多样。生态广场，一个让人们一起前来享受城市文明的平台，施工时，要充分考虑到公众的要求，还必须考虑特殊群体，如残疾人的需要。生态广场不仅能够改善环境空气质量，还能为城市居民提供休憩场所。生态广场服务设施及建筑物功能亦应多样化，还要有休闲、娱乐与艺术共存的综合性服务功能。随着我国社会经济的快速发展，城市化进程日益加快，城市用地资源紧缺。城市在建设过程中，时间跨度非常长，总是在新旧更替之中，每一个时代的设计者与建造者都在不停地形塑城市空间。因此，在对生态广场进行设计时必须充分考虑到各个时期的特点，使之适应不同的人群，成为城市开放空间的一部分。

三、生态广场的景观设计原则

（一）系统性原则

广场是城市开放空间系统中的一个重要节点，应在城市空间环境体系中进行系统分布，做到统一规划布局。

（二）人性化的原则

设计是从人类生理需求出发、以心理需求为切入点，"以人为本"，提升城市景观的亲和力，创造一个健康、安全、和谐的空间环境，能使人与自然协调地发展。生态广场作为一种新概念的城市公共开放空间设计理念，将成为未来城市景观建设中不可缺少的一部分。生态广场景观营造，首先，要考虑人使用方便，是人类选择景观开展活动的先决条件。其次，还要满足居民日常生活中对生态环境方面的需要。改善空间环境，提供一个宜人的小气候，有利于城市居民日常闲暇、娱乐，是生态广场景观设计中需要考虑的一个重要问题。在生态广场中融入人文关怀，体现出对市民的尊重、理解、爱护，为广大人民群众创造一个良好的生活居住环境。生态广场景观属于开放式公共空间，不同年龄组的人群活动方式和习惯是不一样的，所以人性化景观设计原则应在为各年龄层的人们寻找合适活动空间的前提下，兼顾特殊群体在空间上的特殊需求。只有这样才能创造出具有特色的空间环境景观。人性化设计，就是设计人与人、人与自然的关系。通过合理的空间布局和设施布置来满足人们各种需求，创造一个安全有序、温馨宜人的生活氛围。景观空间环境设计人性化，是为了使人活动的空间环境人性化。通过合理利用各种资源和技术来创造一个舒适的、具有文化气息的、符合现代社会发展需要的新型广场，从而满足现代人不断增长的物质需求及精神需求。生态广场上的风景不仅仅是用来欣赏看，而是实现人与自然的适应融合，人身处这种空间环境中，具有某种归属感，终极目标是使人与自然能和谐相处。随着我国城市化进程的加快，人们越来越追求回归自然，因此，生态广场景观设计成为现代社会发展中不可或缺的组成部分。生态广场的景观设计是为达到人与城市之间关系融洽。因此，生态广场的景观设计要以人为本，充满某种人情味，饱含生命的味道，满足人们闲暇时娱乐与沟通之需。

（三）生态性原则

广场规划设计要与城市整体生态系统相关联，符合当地的生态条件。对景观的设计也就是生态景观设计，也称为绿色设计，它是现代流行的一种设计方式，这种设计的理念就是让景观设计与自然的生态规律过程相协调一致，使生态广场的建设对环境的破坏达到较小的程度。生态型的景观设计是景观健康成长的基础，健康的自然生态的景观才是美丽的，注重生态能够吸引人们驻足停留。

（四）多样性原则

空间的表现形式多种多样，可提高人们的参与性。例如，设计时应该考虑给人提供僻静的漫步、闲谈的空间，还要顾及给活泼可爱喜欢玩的小朋友提供玩耍嬉闹的场所，也要兼顾给年迈体弱老人提供休息的地方等。

（五）尺度适配原则

根据广场的不同使用功能和主题要求，确定合适的规模和尺度，广场上的环境小品要以人的尺度为设计依据。很多景观生态学研究的结果表明，景观元素以及所在的空间位置等是构建生态广场生态景观的重要因素。

（六）步行化原则

广场规划设计应该支持人的行为，步行化有利于广场的共享性和良好环境的形成。

（七）特色性原则

广场要体现具体使用功能，以及场地条件、人文主题和景观艺术处理，以塑造其鲜明的特征。在进行生态广场景观设计时应该充分考虑到人和自然环境之间的关系。地域特色景观设计等能让当地的居民感到亲切和自然，与此同时，地域特色鲜明的生态广场景观设计，可以作为展现一个城市特色和历史文化的一扇窗，成为生态广场地标性风景。

（八）文化性原则

广场是这座城市历史风貌的集中反映，广场的规划设计要让人们有归属感、认同感，构成了具有文化与活力的场所。通过将传统空间形态与现代景观设计相结合来营造一种富有特色的文化氛围。设置景观能使人触摸历史文化，尽享地域风情。

（九）可持续发展的原则

可持续发展原则，就是从生态学角度研究景观设计，对生态广场进行系统的分析研究，以较小的资源消耗满足人类的最大需求，同时，保持人类与自然环境和谐发展的关系，以维持整个生态广场的发展系统的平衡。生态广场的景观设计作为生态广场建设的一个重要方面，也要以生态城市的标准来作为生态广场建设的指导，以自然生态的理念去指导广场景观的设计，达到可持续发展的要求。

首先，景观格局的可持续性。是指从生态广场的整体空间格局以及过程意义上对景观的可持续性进行分析，景观就是一系列的生态系统的综合，要从空间格局与其发展的过程来认识，发展过程包括自然力，如风、水以及人的活动过程等不可预估的自然界的力量，这些可持续性的过程，会影响到景观格局的可持续性。景观格局的持续性是广场景观设计可持续性的一个方面，也是人类获得持续性的生态服务的要求。

其次，生态系统的可持续性。生态系统是指在一定的特定环境内，其空间的所有的生物以及此环境的统称。大到一片森林或者一条河流，小到一块湿地或者一片草地都是一个生态系统，在这样的生态系统之中，存在着各种各样的生物元素，这些生物元素之间不断地发生着能量与信息的交流。生态广场景观作为一个生态系统，其可持续性会受到人为的干扰。把生态广场景观作为一个生态系统，通过生物的环境关系的调整来实现生态广场景观设计的可持续性的发展，维护生态系统的再生功能。

再次，景观的建设材料和施工的工程技术的可持续性。景观建设要使用自然资源，这些资源可分为可再生资源与不可再生资源，要实现环境的可持续性，就要对不可再生的资源加以保护和利用。同时，要保护可再生资源有限的再生能力，要采取减用或者再次利用的方式。

最后，景观使用的可持续性。从经济学的意义来说，景观使用也应该是可持续性的。

第三节　生态街道景观设计

一、生态街道景观设计内容

生态街道景观设计是指从生态观点出发，充分考虑路域景观与自然环境的协调，让驾乘人员感觉安全、舒适、和谐所进行的设计。道路景观设计使工程防护美化、收费、加油、服务站点风格鲜明、以绿化为主要措施美化环境，修复道路对自然环境的破坏，并通过沿线风土人情的流传、人文景观的点缀，增加路域环境的文化内涵，做到外观形象美、环保功能强、文化氛围浓。

（一）雨洪管理景观是生态街道景观设计中的核心内容

生态街道景观设计要求尽可能减少对原水温条件造成的损害和干扰，从而将绿色景观融入城市雨洪管理系统中。目前我国许多城市排水防涝措施还不完善，造成大量的洪涝灾害，而这些现象正是由于忽视了城市雨洪管理模式所致。为使生态街道景观设计在雨洪管理中起到一定作用，在生态街道的景观设计工作中，有必要针对城市街道雨水循环特点和水文特点，零散规划设计雨水管理景观设施以及雨水管理网络的组建，由此起到生态街道景观治理雨水水质和水量的效果。区别于传统雨洪管理系统所追求的雨水收集和排输，依托生态街道景观系统实施的雨洪管理，体现对水文循环过程的尊重，通过土壤及植物的使用，实现雨水的入渗和吸收。此外，由于生态街道景观带内建筑密集且空间较大，因此可以采用海绵技术对其进行有效处理。通过建设以生态街道景观为依托的雨洪管理系统，可以减少城市雨洪管理系统的建设和运行费用，减缓城市热岛效应，对能耗、减少污染有显著的积极效应。

（二）街道的立体绿化是生态街道景观设计的重点

街道的立体绿化，是生态街道景观设计的主要体现。立体绿化具有空间大、景观多样的特点，同时能改善空气质量，提高环境质量。立体绿化和地面绿化具有相对性，通过实施立体绿化，能解决目前城市地面绿化很难适应生态环境需要的矛盾，以达到生态效益最大化。同时，由于其空间效果明显、植物种类丰富、观赏期长，因此立体绿化可作为一种特殊的城市绿地类型来对待。立体绿化主要有绿色屋顶、绿色墙面、绿色阳台、绿色桥体、绿色围栏和护栏、绿色柱廊、绿色棚架和立体花坛等。立体绿化不仅能够起到美化街景的作用，还能够净化空气，调节温度、降低噪声等，这些功能都有利于提升城市环境质量，促进城市可持续发展。立体绿化生态效益和社会效益明显，值得集中讨论，立体绿化的艺术价值是不容忽视的，通过立体绿化街道，城市和城市街道都可以有更浓郁的自然气息，设计形式多样化的绿色景观，还可以使街道景观和建筑变得更和谐，它对陶冶性情、激发居民对生态街道景观建设的热情，改善居民生活环境和工作环境，显得尤为重要。

街道实施立体绿化时，应着重把控的因素有如下三点：一是植物品种选择的合理性。植物品种应适合绿化对象拥有的配置和作用，以垂挂类和攀缘类植物为佳，并且在尊重植物生长习性和生长规律的前提下，达到最佳绿化效果；另外还应该考虑到植物种类的多样性，避免过于单一，造成植物之间相互排斥而影响其观赏性。二是要对植物栽培方式进行合理选择。不同类型的街道绿地其景观特点也有所不同，因此应该结合城市特色与区域特征来选取合适的栽植方法。这方面既应注意土壤养分的补充，优化植物生长环境，同时，可利用种植池或种植箱进行种植，这两种方法更适合阳台绿化、屋顶绿化和桥体绿化。三是根据不同的绿化形式确定适宜的植物种类。种植池和种植箱设计应兼顾绿化需求和植物生长需求。

（三）景观装置艺术是生态街道景观设计中的发展内容

景观装置艺术指装置艺术与景观艺术的结合。存在于公共空间中的装置艺术可以很好地满足人们的审美需求。具体而言，景观装置艺术主要是在公共空间中使用装置艺术通过对材料、视觉表述、情感寓意等设计手法的运用来创造出能够让城市居民体验、观赏以及使用的景观，这些景观包括标识性景观、庭院以及游戏和休憩空间等。随着景观设计技术的发展，景观装置艺术从功能与形式两个方面体现出了多样化的特点。通过对景观装置艺术的应用，生态街道景观设计可以在公共空间中创造标志性的景观，并在连接景观与建筑的基础上让生态街道景观中的公共设施以及生态街道景观所具有的文化性更加凸显。所以景观装置艺术的应用无论是对于完善生态街道景观设计的功能，还是对生态街道景观进行点缀，都具有重要意义。

二、生态街道设计原则

（一）地区性原则

道路景观的规划设计中应考虑其地域性特点，植物种植适地适树，形成不同地区特有的道路景观。

（二）动态性原则

随着时代的发展和人类的进步，道路景观也应随设计的需求不断更新发展。

（三）经济性原则

在道路景观的规划设计中，着重考虑对道路沿线原有景观资源的保护、利用与开发，保留原有古树名木，降低成本，增加经济效益。

（四）整体性原则

道路景观规划的人工景观与自然景观应和谐统一。

（五）可持续发展原则

道路景观建设必须注意对沿线生态资源、自然景观与人文景观的持续维护和利用。

三、生态街道景观设计目标

（一）多样化

对于居民生活空间进行优化，是生态街道景观设计的首要目标和作用所在。在进行生态街道设计时需要结合不同地区环境条件来确定其具体的布局形式。通过对生态街道景观进行设计，不但能使城市内生态系统的平衡性受到调整，还可以起到控制空气污染的作用、防洪蓄水等功能，提高居民城市建设满意度。生态街道景观设计应满足城市发展对于建筑多样化、功能多样化的需求，以及街区短、人流密度大等需求。因此，生态街道景观设计应该结合当地环境特点以及人们出行需求进行设计。阶段景观设计经常采用拐角、分支小路，既可以达到较好的通达性能，同时可以给居民的行走提供便利。此外，对于道路两侧的植被来说，植物本身就是一个非常好的选择，而且其生长周期相对于其他绿化形式而言比较短。而围绕生态街道的建筑，不论在什么条件下，在进行生态街道景观设计时，均要注意和建筑风格相匹配。生态街道设计还要注重道路绿化的配置以及植物选择等问题。生态街道景观设计依靠其功能增强吸引力，从而增强生态街道景观在增加人流密度基础上拥有的生机，使生态街道景观设计的功能性达到最大，同时不会引起交通堵塞，视觉污染等问题。

（二）人性化

生态街道景观设计以城市居民为主，尽管在城市建设不断推进的今天，城市街道随之扩展，但"生活化"的理念被街道设计所冲淡。使生态街道景观设计体现"亲民性"，提升城市居民对于城市街道景观设计工作的满意度，突出生态街道景观设计的人性化特征，是现阶段生态街道景观设计应着重思考的问题。就生态街道的景观设计而言，一定要注意"场所精神"的表达，创造富有人文化气息生态街道景观是关键。因此，在进行生态街道景观设计时，应该将以人为本作为出发点，通过人性化的手段来实现城市生态街道景观的塑造。在生态街道改造设计过程中，生态街道景观设计者需尊重城市居民意愿和需求，基于此，笔者对城市生态街道景观的属性和作用进行了精确定位，还针对街道景观公共艺术研究、公共设施等方面进行人性化设计，使城市生态街道景观既满足城市居民感官体验需求，同时使城市生态街道景观反映城市居民应有的城市认同感和城市归属感。除此之外，要结合居民生活环境的实际情况来制定符合当地生态环境特点的生态街道景观设计策略。

（三）可持续化

无论对于城市发展还是城市生态街道景观设计，可持续化都应当作为重要的发展目标。为了在生态街道景观设计过程中实现可持续化发展目标，生态街道景观设计有必要做到以下几点：一是根据城市街道原有的功能以及格局来开展生态街道景观设计工作，体现出对原有街道功能以及格局的尊重，从而让原有的街道以及原有的生态系统保持较好的稳定性；二是以服务城市居民为出发点保护城市居民的社区环境，避免在生态街道景观设计中对城市居民生活产生负面影响；三是技术在生态街道景观设计中应当作为次要手段出现，避免用技术作为控制性的主要手段；四是在生态街道景观设计过程中重视对副产品以及资源的回收，通过对垃圾排放进行有效控制来体现出生态街道景观设计需要遵循的节约型原则；五是在生态街道景观设计中尽量使用可再生资源，避免对生态环境造成破坏；六是生态街道景观设计要尊重原有的雨洪管理系统，通过实现街道景观设计与雨洪管理以及控制治理的结合来凸显生态街道景观设计所具有的生态效益，从而让生态街道景观设计符合城市建设与发展中的可持续发展原则与低碳原则。

四、生态化街道设计措施

（一）公共家具设计

1.生态化街道家具设计

家具产品在生产、运销、处置以及使用过程中，要考虑生态安全，设计出既绿色环保又符合人们诉求的产品。家具材料的选用体现出生态友好，能源的最低消耗，家具的无毒无害性，废弃物的可回收性等。生态环保的街道家具要求比较严格，从构思开始一直到废品处理整个过程都需要经过精确设计，不能有丝毫懈怠。要点如下：

（1）街道家具选材。在确定家具的材料之前，要首先了解该家具要用来做什么，再关注其品质，然后估算每一种备选材料在生产过程中的成本以及污染等情况，最后选择那些质优价廉、工序简单而又环保的材料，且家具废弃后便于回收再利用。具体包括以下几个方面：①不要用有毒的材料生产家具，不管这种毒性是在生产过程中还是使用过程中，因为它最终都会对人体和环境产生不良影响；②尽可能选用当地材料，因为这样就可以节省运费，减少损坏，保护环境；③选择易加工、加工过程无污染、耗能较低的材料；④选择回收可再利用的家具材料。这不仅是实现可持续发展的一种方式，也降低了污染，降低处理成本，使效益得以提升。

（2）简约化设计。街道家具系统应该采用低污染低能耗的产品，如：精简家具体量与结构，在确保家具正常属性功能的基础上，应该尽量降低装饰性的损耗，以简洁大方为主；减轻其部件厚度，优化零部件，尽可能一种家具就使用一种原材料；保持部件的独立性，还有利于部件的生产、管理和回收使用；采用先进工艺，合理安排生产流程；就地取材，就地买卖，从而降低运输能耗；降低废弃物污染，提高生产技术和工艺，降低残次品出现的概率。

（3）街道家具可再利用设计。在设计时要充分考虑家具的回收以及回收之后的处理方法、工艺以及利用价值等。如：回收中有的零部件属于金属类，可以加工提炼出金属物，然后对其进行再利用。

2. 功能复合的公共家具设计

生活性街道生态化设计强调家具的多功能性，偏爱功能性的景观，既要多维度、多角度，又要简洁美观。近年来，社会不断进步导致了人们对街道家具的功能性作用的需求也有所不同，设计师也需要开始尝试创新，设计出美观新颖的产品才能与时俱进。如：不锈钢坐凳，既可以作为行人驻足休息的座椅，也可以作为骑行者存放自行车的停车架，此类家具不仅具有实用功能、审美价值，还具有生态效益。实践中人们创造了多种形式的家具景观处理方式，不仅取得了良好的景观效果，还让其具备了休息、照明等实用功能，这就是所谓的"好看又实用"。此外，灯具也属于漂亮实用的街道家具。

3. 与艺术装置相融合的公共家具设计

景观装置艺术和街道家具结合在一起，让人眼前一亮。一方面，景观装置艺术能给公众增加和街道家具的互动体验，它主要为设施型家具服务。因为城市里很多空间被建筑和道路分割成了不同区域，所以需要通过各种手法来实现对场所环境的塑造和表达，如利用新技术进行空间设计，对原有家具设施用料进行更改、灵活转换家具的用途、异化街道家具形式、加强家具和市民之间情感互动等，这些是装置艺术常用创新手段。同时，作为一种新的公共空间形式，它也可以通过营造不同风格的建筑环境来体现设计者对城市历史文化内涵的理解，并使其更具人文气息。另一方面，生活性街道上设计师可直接从艺术成品中挑选适当的直接用于装饰景观，或以装置艺术为基础，进行后现代主义设计，打造另一种街道景观家具，把街道和家具合而为一。例如，在城市广场或公共空间里，艺术家会创作出带有后现代特征的作品，如雕塑、拼贴等，以此营造充满生气的环境。

（二）路面设计

1. 透水路面

在街道景观中，路面是其最基础也是最重要的部分。一些研究表明，渗透性混凝土路面具有很强的雨水处理功能，能有效地降低雨水造成的损害。渗透性铺设比较容易堵塞，所以铺设的方法和设计知识是不可缺少的。

透水路面材质分为两种：透水混凝土和透水沥青。它们既便宜又有效。透水沥青和混凝土表面类型是相似的，路面都由普通的沥青和混凝土材料构成，而存在于大量不透水路面混合料中的小聚集体和粉末是不存在的。作为透水路面，岩石的典型尺寸是四分之三英寸，没有小岩石和砂砾，液体沥青的黏结剂和混凝土中的水泥将大岩块粘连在一起，在四分之三英寸的岩石之间留下缝隙，供水流渗透。

保证透水路面长期透水良好，且不中断使用，需要对透水性进行全面分析，确定合适的设计方案和施工工艺。路面表层以下路面细部设计须重新思考，才能保证它的渗透性，在建设中，确保道路的渗透功能是首要问题。任何一条道路或路面，都包括两部分：一是表面结构；二是内部构造。即坚硬的路面和提供支撑的路基。在进行道路建设时，首先要选择合适的地基和土层结构，这样才能使公路发挥最大作用。优良的道路设计和施工，要求有良好的基础，保持持久稳定牢固，并且更好地对路面进行了支撑。由于透水路面具有强度高，渗透大等特点，将人行道断面结构分为基层、面层、垫层、土夯实层。而面层和基层是导致道路不透水的直接原因，所以，面层采用像透水烧结砖、砂岩、透水混凝土等透水材料以及不透水花岗岩，用各种方式进行组合形成平面，然后基础用透水混凝土，垫层配碎石。在降水量较大的时候，光靠土壤透水进行排水容易积水，所以在碎石层每隔 2 m 的地方设置 PVC 万孔管，连接到大排量水沟进行排水。在土路和碎石层之间增加土工布，加强结构的稳定性，也起到过滤的作用。

2. 预制混凝土技术

预制混凝土技术早已成熟，尤其是在西方发达国家已经被大范围地使用。从外观上，预制混凝土模块的尺寸、颜色、材料和花岗岩类似。同时，它具有明显低耗能意义：第一，使用 PC 而不是石材，可以避免大面积开采矿石；第二，在中国，硬质部分的路面使用混凝土垫层。因此，只要采用硬质路面，就不能实现雨水渗透。而预制混凝土的厚度很大，不需要混凝土垫层，因此雨水渗透能力大为提高。

与此同时，PC 可以异形加工，使嵌入式道路铺装成为可能。停车场、消防车道这些规范所要求的硬质路面的面积大，可以提高其视觉效果和生态价值。此外，也可以设计各种 PC 户外构件，如长椅、自行车架等，在模具帮助下，形式可以更加多样化，同时具有较好的耐久性，可以普及。

3. 渗滤沟水渗透模式

渗滤沟水渗透模式是指通行空间不用不透水路面材料的时候，利用缝隙式明沟盖板排水，从而做到铺地材料防渗防水，根据街道排水的要求，在排水需求小的区域设置缝隙 10 mm 小排水沟，在排水要求较大块的边界设置缝隙 15 mm 大排水沟。然后通过缝排水入沟，透过基层透水混凝土向地下渗透，太多的雨水超过了透水混凝土透水能力，如果是少量的排水沟，每 2 m 的万孔管排到市政管网；如果它是一个大容量的排水沟，则排到市政井，实现减缓雨水的目标。

4. 道路横断面设计

交通稳静化的理念引入道路横断面设计，将人行与车行空间一起考虑进去，强调人性化设计，提供完善的市政卫生服务管理，创造和谐的交通环境与活力的街道环境。提出创新性交通策略形成紧凑的步行区和商服区，使交通设计更加人性化，将街道景观设计与人性化交通空间设计相结合，创造更具吸引力的交通空间，为人们提供一个良好的街道交通环境，让街道生活充满活力，真正做到"以人为本"，实现便捷、通达、规律的街道公共交通。

街道稳静化慢行通道，应尽可能采用色彩鲜明铺装或者喷涂，还要设置醒目通行标识。慢行停止线应设置在临近交叉口的位置，倡导鼓励优先慢行，并且不能与机动车右转信号设置在一起。应将交叉口转角半径缩小，汽车转弯时可以有效地降低车速，交叉口慢行缩短过街的距离，提升交通流量能力，确保慢行通过街道安全。

（三）立体绿化

1. 绿色墙体

所谓绿色墙体，是指和水平面之间的夹角在 60° 以上的建筑或构筑物的立面上种植或覆盖植物的技术，也称作垂直绿化。这些土壤是人为铺砌的，并不是自然形成的。

（1）街道立面绿化植物配置。①攀缘式，适用于较高的建筑立面，在建筑基地种植藤本植物，可以利用挂钩、搭架、拉伸等方式让植物生长后能够遮掩最大部分的墙体面积。普遍用来绿化楼房建筑。②下爬式，下垂类植物可种植在墙顶的侧面，也可以在墙底种植攀爬类植物向上爬，两者相向生长，覆盖街道建筑立面等。③内载外露式：一是在透视式围墙应用；二是在室内种植爬藤植物或花灌木，然后将藤蔓等景观展露到墙外。

（2）模块式墙体绿化技术。将种植模块安装在预装的骨架上，然后将骨架安装在建筑墙体上，其上可以加载灌溉系统，种植模块可由弹力聚苯乙烯塑料、金属、黏土、混凝土、合成纤维等制成，一般植物在苗圃中预先定制好，再进行现场种植。

（3）室内生态墙体。最新研究表明，植物确实可以有效地降解空气中的有害物质，实验结果给出的净化空气的标准是每 $100 m^2$ 室内安装 $2 m^2$ 植物墙，就可以非常有效地净化室内空气，并提供负氧离子。此外，人们能够设计一面绿色植物墙体，如此一来，既能分割空间，又能净化空气、美化房舍、打造成艺术作品等。因为是设计在室内，所以所用的材质、植物都需要谨慎地选择。在夏季，墙体通过蒸发制冷，降低空调能耗；而到了冬天，则可以凝聚充盈的湿气。而墙体上的绿色苔藓能散发大自然的芬芳。

攀缘植物分四类：爬墙类、悬垂类、棚架类以及篱笆类。北京天通苑的一个小区，因资金匮乏，工人沿楼体墙侧种植五叶地锦，夏天形成一面面绿墙，秋天树叶变红，美不胜收。以花绕石城著称的石家庄，在城市主干道、社区围墙利用月季进行攀缘绿化，形成花墙。广州市充分利用炮仗花特性，广泛用于垂直绿化，元旦和春节期间为其花期，这为欢度佳节提供了非常好的植物素材。用攀缘植物来绿化墙面，是比较节省、生态、低碳、持久的墙面绿化方式，可以广泛地使用。

生活性街道建筑垂直绿化一般使用的都属于攀缘类植物，一方面可以使当地植物资源得到充分利用，形成地方特色，另一方面根据植物攀缘习性，可以进行不同种类的混合搭配，从而提升观赏性。

①依据采光情况来选择攀缘植物。喜欢阳光的攀缘类植物一般用于光照充足的墙面，耐阴或半耐阴植物则适用于光照不充足的墙面。

②依高选材，不同墙面或构筑物高度并不一致，所以要达到攀缘植物与墙体高度相适应。

③混种技术是垂直绿化的一个方向，即将草本与木本进行搭配，选用花期较长或者维持绿色的时间较长的品种，营造内容丰富的综合景观效果。

2. 桥体绿化

所谓桥体绿化，就是在桥的边缘地带设置种植槽，种植一些往下生长的植物和花卉，如迎春、牵牛花等，也可以设置防护栏、铁丝网等，从而可以栽种爬山虎、常春藤等攀缘植物。

3. 绿色阳台

阳台对于建筑物，就像眼睛对于人，如果说眼睛是心灵的窗口，阳台就是建筑的"眼睛"。因此，如果能将其"打扮"得漂漂亮亮的，那么无疑会提升建筑自身的美感，且对城市也起到美化、绿化的作用，人们通过绿化阳台，除了可以欣赏到现代化的城市风景之外，还可感受自然界的温馨，并为城市增添艳丽的色彩。

阳台的材质、模式、装饰以及植被的差异给人的感觉都是有差别的。若阳台面朝阳，则可以选择喜阳植物，如米兰、茉莉、月季等；若处于背阳之处，则要选择喜阴的植物，如君子兰、万年青等。

美化阳台的方法很多，生活中普遍采用的有花箱式、悬垂式以及花堆式等。第一种的花箱多设计成长方形，从而节省大量空间。而悬垂式的方式既能节省空间，又能增大绿化面积，属于常见的立体绿化。最后一种是常见的方式，即把各类盆栽按照一定的审美标准摆放在一起，营造一种花团锦簇的感觉。

4. 道路护栏、围栏

绿化道路护栏、围栏可利用观叶、观花攀缘植物。此外，还可以通过悬挂花卉种植槽或者花球进行点缀。在酷夏的时候，水分容易挥发，所以要关注植物的需水情况，要随时保持水分的重组。在温暖湿润的春天，为防止烂根，要少浇水。冬天较为寒冷，还会经常结冰，所以冬天要保持花盆内部干燥，防止冻裂。这种方式能使空间延伸"N"倍，使欣赏价值提升，让人们感到愉悦；但是安装复杂，而且支持要求较高，如果支架不强，就是一个特定的交通风险。

5. 棚架绿化设计

棚架绿化一般是通过门、亭、榭以及廊等方式来实现。一般以观果遮阴为主要目的。通常情况下选择卷须类或缠绕类的攀缘植物。猕猴桃类、葡萄、木通类、五味子类、山柚藤观赏葫芦也是常见的棚架绿化植物。

6. 立体花盆设计

立体组合花盆有着特殊的固定装置，可以在路灯杆、灯柱、阳台等将立体组合花盆固定。立体组合花盆具有节水省工、快速组装拼拆、任意组合、可移动性强等特点，设计师可根据需要，组合成花墙、花球、花柱，营造出的艺术景观呈现出多层次多图案多角度特征。

7. 立体花坛设计

通常立体花坛在街道中的使用在节日里较多，而随着社会的发展，固定性的立体花坛应用也越来越广泛，木架、钢架、合金架等属于立体花坛设计的基本骨架，此外，还需配置以铁线、卡盆、钢筋箍等，从而生成各种造型的图案。后来，钢管焊接造型出现了，从而生成了许多简洁美观的立体花坛，然后在架体设置储水式的花盆。底部栽植各种应季花卉作为配重箱。定期的检查与维护也是不可或缺的，这样才能保证摆放的安全性。要想使景观的效果显著，就需要采用较少花卉数量，但种类一定要丰富；由于花架比较沉重，所以最好使用机械安装，实在不行的话，也不能一人单独进行作业，容易发生意外事故。常用的品种有紫罗兰、旱金莲、笑脸蝴蝶花、万寿菊等。

（四）街道绿化设计

街道平面设计中重要的生态设计方法就是对街道与水资源的利用，雨水直接利用措施有植草沟、生态调节池、雨水种植池、人工湿地等。雨水间接利用采用渗滤沟、低洼绿地等方式将雨水渗入土壤，储蓄地下水。

植草沟通常指那些在表层种上植物用来集水或者排水的沟渠，一般被用来分流暴雨径流或者排除杂质，从而提升水质、绿化美化环境、给生物提供栖息的地方，且维持保养费用低廉。

1. 街面绿地

所谓街头绿地，一般就是指在街道植树种草等，目的在于改善城市气候，分割行车路线，减少噪声，保持空气清新，美化城市，同时具有防火的作用。两个车行道中间的分隔带就属于分车绿化带；人行道绿化带在人行道和车道中间，路旁的路边绿带在路的侧边。界面绿地的存在既能够使绿地的景观、生态以及游憩等作用得以发挥，又能够为周边、道路的雨水径流提供蓄滞空间，和周边的水体、绿地连接，并有针对性地选择适合的耐淹植物。所以，可以使用不同的实际街道绿化方案，既能使街道的形式多样，又能为街道的雨水管理景观设计提供平台。

2. 停车场绿地

街道或者建筑两边的停车场，其车位为开放式。一般来说，在其边缘位置和拐角处都会有硬底路面或绿地空间，不小于规定停车场的规模，若停车场的规模较大，那么每个停车位中间还会有一个线性空间，目的在于扩宽车辆的停放距离，提升安全性，并能组织行人交通。

3. 屋顶绿化

（1）绿色屋顶的雨洪管理景观设计方法。绿色屋顶是指建筑物的屋顶部分或整体被绿色植物覆盖的设计。它不仅是景观屋顶的一种表现形式，还代表了建筑和立面对环境低影响的追求。绿色屋顶的主要构成包括植物生长基质、屋顶防水结构，以及专门的排水系统。这种设计有助于雨水的处理，减少雨水径流。整体上，绿色屋顶系统由屋面绿化系统、屋顶排水设施和建筑物内部排水系统三个子系统组成。单体建筑可以高效地进行雨水收集，它的屋顶面、立面均属雨水承载体。由于屋面上植被覆盖面积较大，因此也称为"绿屋"。建筑屋顶属雨水径流汇集与转流的媒介。随着气候变暖，人类活动加剧，全球范围内产生了大量的雨水径流，其中一部分被建筑物吸收利用。下雨时，雨水便在建筑物的屋顶上渐渐地形成径流，再通过所建落水管排入城市地表或者管网系统中。如果建筑物本身没有足够的空间来存储雨水，那么这些雨水也无法得到很好利用，从而导致大量水资源的浪费。所以宅间绿地旨在提高雨水管理能力。通过对宅间绿地设计理念与方法的研究，提出了基于雨水收集处理及景观化建设相结合的住宅宅间绿化策略：一是在雨水花园和渗透园中运用基础绿化区，从而方便了雨水的处理；二是通过植物和其他生物措施对屋面上滞留的大量水分进行吸收处理，进而减少雨水中含有的有害物质；三是借助宅间附属绿地发挥雨水种植沟和雨水湿地的功能，这样可以更及时地疏通和控制雨水，把雨水管理与宅间水景、功能性场地与植物群落有机组合，最终达到对雨水的综合管理。

绿色屋顶对建筑物的排水性、承重能力等有一定要求，不是可以随便操作的。当然，屋顶绿化需要考虑更多的因素：第一，分析屋顶的荷载能力，考察建筑结构，且必须注意防渗漏；第二，分析绿化荷载，否则会引起建筑安全问题。作为应采用钢筋混凝土层面板绿化的屋面结构层，根据其上部构造层计算平均荷载，通常来说，屋面板能够提供大于每平方米350 kg 的外加荷载。所以，在实践中，既要关注屋面静荷载，又要关注非固定设施，以及一些自然因素。所以，要尽最大努力来降低屋顶荷载：

①合理规划和布局，在承重力度大或者跨度相对较小的地方合理设置水池以及棚架等。

②屋顶绿化种植床内的土壤应由人工调配。

③尽量采用轻型材料。

绿色屋顶设计的关键是防渗水、高效排水，防水渗透措施需周密设计，为了确保屋顶植物成活，要做到不漏、不渗、不积水。

（2）绿色屋顶的植物选择。植物的成活率和生长速度在很大程度上取决于外部环境条件，随着楼层的增加，屋顶的温度、湿度以及光照程度等也会产生相应的不同，故此在材料的选择上会更加严格。

①根据生长习性进行选择，还需具有一定观赏性，可考虑那些浅根性的小乔木和藤、花、草类植物（那些根系发达或者拥有较强穿透力的植物不在考虑范围之内）。

②生长缓慢、容易移植成活的植物材料（长得高的、大的、生长比较快的慎用）。

③选用既耐湿又有抗旱能力的植物。

④抗病虫害，没有过高的养护要求，粗放的植物材料比较适合。

⑤抗大风，可吸收空气污染物的植物。

4. 交通岛绿地

该绿地作用：一是控制车辆行驶方向；二是确保过往行人的安全。它们的存在既提高了车辆行人的安全性，又为交通岛雨水的疏通提供便利。交通岛绿地多适用于雨水渗透园或人工湿地策略，雨水渗透园的绿地的标高低于路面，可以收集人行道表层流入的雨水，这些雨水能润泽植被、初步净化尘土，然后慢慢渗透进入土壤，滋补地下水，没有渗透进入地下的雨水将排入市政雨水管网。

（五）生物滞留池设计

生物滞留池是指种植有灌木、花草乃至树木的低洼区的工程设施。该设计是在池内添加一些填料层，该层具有吸附以及过滤的功能，以及根系净化功能。此外，将雨水储存之后渗透到周围土壤来减弱地表雨水径流。故此，生物滞留池实质是一种分流设施，只是它采用的是从源头削减雨水和控制污染物迁移的高效 LID 方法。一般来说，生物滞留池低于水平面 10～30 cm，且其表面栽种植被。一般情况下，填料层从上到下依次为覆盖物、种植土、粗砂和砾石。在填料底部设有排水系统。此外，该系统附属设施通常还包括进水、溢流系统等。

与草坪相比较，生物滞留池更加强调对雨水的净化以及使用，其包括以下几部分：

1. 雨水前段处理区

在这一阶段，主要是把那些混杂在水中的体积较大的尘粒截留下来，此外，还能够根据生物滞留池的水容量来调整水流量和速度，水流越缓慢，被筛选出来的尘粒就越多，水质也就越干净。在合理情况下，可以把砂过滤层、雨水调节池、植物缓冲带、预处理渠道等设施设置成前处理系统。

2. 雨水进水区

在街道路缘石切开一个豁口，使道路或停车场的雨水径流经由洞口或者豁口进入生物滞留池。水流入的形式会对其运行效果产生重大的影响。

3. 雨水溢流区

所谓"溢流"，就是那些超过其承载能力的雨水。生物滞留池溢流系统设有两类预留出口：一是预留雨水溢流口；二是内部预留雨水口。

4. 雨水排水区

滞留池排出水的路径是底部的孔管，经过雨水前段处理区的雨水也可以从这里排出，当然，穿孔之后还是土质的沟渠，因此水在流动的过程中也会有一部分渗入土壤。如果排水系统设计得科学合理，那么填料的渗透系数就能得到较好维持，并且能促进表面植物的生长，也能帮助去除雨水径流中的氮。

5. 雨水滞留区

可以暂时储存径流雨水，并扩大雨水的蒸腾作用面积。此外，这里也可以对雨水进行预处理，比如那些悬浮颗粒及污染物杂质会在这个区域被截留。

6. 植被层

生态雨水管理系统中一个关键要素是植物选择。

（1）尽可能使用当地植物，在此基础上混搭部分外来植物。本地的植物因为土壤及阳光等相对类似，所以适应能力强、成活率高，并且不存在很大的运输费用和损耗。而外来植物多是为了美观的需要，起点缀的作用。

（2）选用根系发达、茎叶繁茂、净化能力强的植物。植物的根系可以为微生物的生长繁殖提供媒介，虽然这些植物都是低矮的常绿品种，但其不同的色彩及质感营造出了各式各样的景观。

（3）最好使用那些耐涝和抗旱能力较强的植物。适用于生态雨水管理系统的水生植物有芦竹、香根草、香菇草、细叶莎草、茭白、慈姑、灯芯草、旱伞草、千屈菜、凤眼莲、水芹、睡莲等；可供生态雨水管理系统使用的有湿地松、水杉、落羽杉、垂柳等；可供生态雨水管理系统使用的草坪草和观赏草有马蹄莲、班叶芒、细叶芒、蒲苇、金叶苔草等。

7. 填料层

该层的主要功能是净化雨水，其填料从上到下依次为覆盖物、种植土壤和砾石。在这些填料中，种植土壤层属于该装置的核心。此外，填充厚度取决于当地降雨量以及水质。

（六）针对寒风的绿色设计

冬季寒风让人感到寒冷难耐，在我国设置垂直于风向的界面屏障，可有效地抵挡寒风并实现降低风速。在北方生活性街道景观设计中，应该尽可能保障街道沿东西向布置。为了阻止寒风，可在街道两侧设置建筑界面。如瑞典、加拿大以及芬兰等国，根据冬季主导风向，采取封闭连续的建筑界面围合，起到御寒过冬作用，能够将建筑高度 4 ～ 10 倍范围内的风速降低一半。当然，对冬季冷风保持有效遮挡可以在迎风面的街道设置绿化带。挪威著名学者斯坦斯维克以冬季寒风为研究对象，实验证明，3 m 高的绿化带可将其 60 m 左右范畴内的风速显著减弱，并且能够将周围的环境温度提高 1 ～ 5℃。街道周围建筑之间的空隙是风的流动的首选路径，所以在冬天的时候，街道的风速与周边建筑的大小、高低密切相关，故此合理的建筑设计有助于减少寒风对街道的侵袭。如果某一区域的建筑高低差距不大，那么其风速就会比较平稳，但如果有其中一幢"鹤立鸡群"，那么其受到风的侵袭就会更大。因此，在北方城市生活性街道设计中，建筑群的高度应尽可能保持一致，应尽量避免出现局部高大建筑，相反，应更多采用低围和建筑界面。如果是高低错落的街区，那么衔接的两个建筑群之间的差距应小于较高建筑的一半。街道侧面建筑物大小的改变也会对风速造成影响，所以要对街道周围的建筑进行合理设计，从而达到分流寒风的目的，将大量的风引入城市上空，从而创建一个舒适的步行空间。北方城市生活性街道绿色设计策略主要表现在以下几个方面：

（1）连续界面阻挡寒风：在城市里面，街道走向应该大部分与冬季风呈垂直状态，针对这种情况，可以将街道设计为连续封闭，或者借用绿化带来分化风力。

（2）平缓组合导引寒风：街道上的建筑应该有规律可行，避免突兀的高低变化，最好是沿着风向楼层逐渐升高，这样能够将冬季寒风引向城市的上空。

（七）针对降雨的雨洪处理系统设计

雨洪景观是生活性街道生态化设计的核心内容，所以，无论是设计步骤还是手法都十分繁杂，且要求也是相当严格。维持水循系统的平稳，是每一个景观设计师义不容辞的责任。雨洪管理经历了由采用纯工程方法转向与非工程方式相结合，从大型集中处理的方式到分散式就地处理的过程。

1. 雨洪景观雨水流入口设计

雨水径流流入雨水管理景观的方式有面状以及线状流入。前者用于外沿以及没有高出绿地的路牙石的生活性街道中，雨水是自由地进入雨水管理设施。后者主要用于街面高于绿地的路牙石的街道中，对路牙石进行切口让雨水流出，将地表径流引入雨水管理设施，这种流入方法，也被称为"路牙石切口式"。其有简易、工程以及复合切口式三种：第一种的切口采用45°或90°的形式，在缓冲区仅有少量的砾石等，故此只能对防冲刷与防沉积进行简单处理。第二种工切口采用90°的形式，在缓冲区设置有工程化的"凹"槽，确保注入口作用的发挥。第三种就是把路牙石切口与街道的步行空间相结合，经由步行道的水流通道将雨水引入雨水管理景观设施之中。

2. 雨水管理景观设施雨水落差设计

当存在较长有陡峭的纵向坡度时，那么水流的径流速度就会因此加快，从而截留下来的水量就会相对较少，而且湍急的水流会带走较多的尘土与砂砾，容易造成水体污染，和输水管网的堵塞。此外，当水流达到一定的强度时，就会对街道的相关设施造成损害。

"景观水坝"存在的目的是解决雨水径流落差的困境。通过设置水坝，既能减缓水的径流速度，又能通过设计形式多样的水坝来增加美感。一般来说，水坝多为砾石堆砌或者混凝土构造。然而前者通常经不起雨水冲刷且稳固性不足，但好处是设计不复杂，较为节省工序和成本。此外，其坝底属于坡式结构，但这个坡度并不陡峭，且雨水量也小。工程构造式的景观水坝结构坚实稳固，适用范围广，但成本比较高。

3. 雨洪景观雨水溢流处理

在设计雨水管理景观时，一个不可避免的难题就是"雨水溢流问题"。解决办法如下：一是让雨水直接溢流回到街道，转而流入其他的雨水管理景观设施或是雨水管网的注入口；二是令雨水直接流入街道雨水管网系统。

4. 雨水调蓄池设计

如果建造位置为分类的依据，那么可将雨水调蓄池分成地上或地下封闭式以及地上开敞式等。按照雨水管渠和调蓄池的关系，可将其分为在线式和离线式。为达到宏观调控布局，尽最大努力降低工程量，雨水调蓄池一般设在水流量汇集处或者水流湍急的地方，当然了，雨水调蓄池也能够为某一建筑独设。

（1）在线存储等。如采用地下储存方式，可将雨水收集起来，然后用水泵加压输送给市政管网或小区供水管网使用。在线存储就是利用管线内剩余容量进行雨水储蓄，雨水聚集达到一定数量时，才会排放出去。例如，在城市中使用的地下排水管道，其功能就是储存雨水。这种方法能有效地将收集来的大量雨水储存起来并加以利用，从而降低水资源消耗和浪费，减少环境污染。管道存储可以从雨水管道中排出，多余水可从溢流管中排出。在一般情况下，雨水都是经过溢流管排至河道中去，这样做不仅减少了大量水资源消耗，而且还避免了洪水带来的巨大压力和灾害。由于雨水管系统中没有设计溢流口，从而不增大蓄洪管道排水危险性。在进行雨水管网改造时，需要将雨水收集起来，并把这些雨水储存到一定数量后再排出，这样就避免了大量雨水进入城市中。但管道内调蓄空间未得到充分利用，而且底部管道容易沉积淤泥，甚至搅动驱动下游水污染。另外，在进行雨水处理时还需要考虑到城市排水管道的安全问题。这样，在水急时，便可以起到对这一存储方式进行调控的作用，还可在管线中放置液位检测仪，发挥管道的蓄水功能，还能对初期雨水的污染进行初步的有效治理。这样才可以减少城市暴雨时产生的大量积水对人民群众生活造成的影响。

（2）离线存储等。在一些特殊情况下，为了减少雨水对建筑物的侵蚀，可将地面上的部分区域作为临时存储设施。离线存储设施紧挨着地表，属雨中可贮存水分的装置。为了节约成本，人们可以把这些设施放在地下，或者将它们建在有足够空间供人进出的地方。离线存储设施使用频率最高，但是昂贵，因此通常适用于附属设施不完善或无法利用的情况。当降雨时，它能够拦截住大量污染物并将它们排出地面以外，同时还能防止地表径流对地下构筑物产生侵蚀。从本质上讲，靠近地表面的储存设施有拦截器作用。如果要想利用它来收集地下水，就必须安装一个过滤系统，而过滤系统由过滤器、管道组成。通常情况下，地下隧道用于综合废水、雨水的储运，亦可建于高层建筑的桩下。如果遇到暴雨或者洪水等情况时，则需要使用这种方法来解决问题。

（八）针对降雪的绿色设计

北方冬季积雪是街道的一个问题，每年都要花很多人力和物力来解决这个问题。由于城市里有很多树木需要养护，因此，道路上常常会出现许多被风吹起的雪花。针对这类问题，可在街道设计中，用风力方向把积雪吹入固定位置。这样就避免了因风力较大而使路面结冰造成交通事故以及车辆打滑等现象发生。另外街道绿化还能阻挡冬季风的侵袭，由此，背风区产生涡流区，积雪随风运动。如果是通过风力来清扫积雪的话，自然形成堆积，那么就不需采用人工或机械除雪。另外，通过改变风速方向也能实现这种功能。当街两旁有公共空间入口时，可依据空气动力学原理，对进口周围环境做出科学设计。这样可以有效地减少道路上积雪与行人之间的摩擦，降低摩擦系数；让积雪被风吹散，同时能够避免路面结冰时导致行人和车辆无法通行而造成交通事故；不堵塞入口空间，也不飘落里面。

北方的城市冬季积雪较多，积雪积存于街道两旁，将占用本属步行道的场地。为了让这些积雪能够及时被人们清理掉，需要设置一些人行道和非机动车道来解决这个问题。在设计城市生活性街道时，应考虑扩大步行道路范围，为冬季留出一部分空间，以暂时储存积雪，在其他季节可作为非机动车道使用。同时可利用这种方法来提高行人过街效率，减少交通拥挤现象发生。提高街道空间弹性，能够根据实际需要灵活地改变。当冰雪天气到来时，通过合理设置交通信号灯和红绿灯来保证通行效率。另外还可在绿化带中储存积雪，使它自然消融，也能滋润植被。如果把这种方式应用于寒冷地区，不会造成路面结冰这样的安全隐患。在国外，很多城市都已经开始尝试利用冬季的积雪来解决夏季气温高导致的问题。

城市生活性街道对冬季降雪采取生态化设计策略主要体现在以下几方面：

（1）自然清除：街道绿化，对天然积雪区域进行测算和预留，并迎风而起，使积雪随风远扬，而且必须在大街上驻足。

（2）灵活储存积雪：增加街道步行面积，为冬季留出一定的空间，以暂存积雪，在其他季节可作为非机动车道使用。提高街道空间弹性，根据实际需要灵活机动地使用。

（3）对积雪进行生态循环：将冬季街头的雪保温存放。在夏季对空间环境进行制冷，减少耗能，减少污染。

第四节　生态庭院景观设计

随着我国经济的不断发展，人们的生活水平越来越高，对于物质享受也就越来越追求。目前，人们对于现代庭院都有着独特的喜好，所以现代庭院的景观设计对生态的追求是很重要的。

一、庭院设计的定义

庭院设计是从城市化建设的公共景观中分离出来的带有私有性并且专业性很强的设计工作。它专指借助于景观规划设计的各种手法，对别墅的环境进行优化设计，满足人们较高的功能、心理、文化需求。庭院设计能够反映出主人良好的修养和品位。

二、庭院设计的重要性及普遍性

人们在逐渐适应由高架桥与高楼大厦构成的城市形态的同时，逐渐适应现代紧张的生活节奏与紧凑的生活环境。为了营造宜人的生活环境，缓释人在现代都市中的巨大生活压力，人们迫切需要营造属于自己的庭院。虽然庭院的概念有所变化，但是始终不变的是庭院意境的营造。庭院意境就像庭院的魂，它不仅影响着庭院设计的品位，还映射了建筑与人的思想层次。

三、现代庭院设计的风格及设计特点

（一）设计风格

庭院的风格可以简单分为两类：规则式与自然式。目前，就风格而言，私家庭院大致可以划分为四个派别：亚洲的中国式、日本式，欧洲的法国式和英国式。建筑的样式和种类也是五花八门，如古典和现代之间的距离、前卫和传统形成的反差、东方和西方之间的区别。

别墅区环境景观设计是通过对各种景观要素间相互关系的协调，让风景完整展现必不可少彼此和谐统一的场景。作为一个整体，它既包含了不同地域文化特征，又体现出城市发展过程中所产生的历史文脉与特色。因而，它是一种整体性的设计行为，只有构建系统理论才能实现理想的设计。

（二）设计特点

1. 项目概况

某别墅庭院区位于路交叉口，外部景观环境十分优美，该项目占地面积约 10 hm²，共有 50 个造型迥异、大小不同的豪华别墅及一家会所布置其中。建筑的总体色调采用传统的粉墙黛瓦，但用更为均匀的浅灰色石材做墙身的压顶，以极具现代的圆钢管平行密排作为坡屋顶斜面装饰，局部一些立面还采用了棕色的防腐木板，使得建筑在现代语汇诠释中仍能品味出传统文化的气息。

2. 园建小品

景观中的小品布置有时会起到画龙点睛的作用，在有限的空间得其乐趣，能活跃气氛，但要做到巧而得体、精而合宜，景到随机不拘一格，并非想象中那么简单。庭院中的小品，其风格多为古典的、传统的，但却与周围的环境协调。如路边行走，在临拐角处的一片绿化中突然有一雕花大水缸，里面种有红花睡莲，不禁让人眼前一亮，真是一个很有情调的小景。

3. 植物

景观园林抒发园居生活的思想感情，植物作为园林景观的主要元素，如运用得当，将产生动人的意境。别墅庭院中，景观树种以落叶树为主，常绿树为辅，强烈的季相变化带给业主四季更替的直观感受。落叶树种有：榉朴、白玉兰、紫玉兰、马褂木、乌桕、樱花、紫薇、紫藤、水杉、池杉、海棠、蜡梅、梅桃梨枣等。常绿树种有：香樟、桂花、山茶、含笑、女贞、橘树、大珊瑚树、枇杷、罗汉松、杨梅、棕榈等。品种不少，置身于这庭院之中时，感受到绿树成荫，竹影婆娑，水边桃红柳绿，荷叶摇曳。园中植物与硬质景观结合得十分协调，上木、中木和下木搭配得很有层次，疏密有致。

四、民居生态理念在现代庭院式住宅中的继承原则

（一）人与自然和谐统一原则

遵循自然规律，是庭院生态设计的基础，就是要把"天人合一"的

环境共生意识反映到庭院设计之中。庭院居住作为一种新型生活方式，具有良好的社会效益、经济效益和生态效益。遵循人与自然的和谐统一，是庭院住宅的基本设计原则，旨在将设计思维和心态输入生态环境，使其能正确处理好人类和自然环境的关系，最大限度地减少环境破坏与污染。在室内空间中引用自然元素，就是为居住者着想，这不仅加强了人类和自然环境的交流，而且能够促进城市生态环境质量的改善，由此使得城市人居环境与活动空间质量不断提升，在整个庭院增强"人"参与，还使得人与自然的亲和性得到极大提升。

（二）地域性原则

地域性原则是以本土文化为依托，传承与发扬民族精神文化，包含其地域文化特征，运用了技术表现形式和创作手法，改造沿袭为现代庭院式住宅设计。随着我国经济发展水平不断提升，人们对居住环境提出更高的要求，这也为建筑设计领域注入新活力。以地域性为基本属性的建筑，它的建筑形式要体现出现代社会对于庭院住宅在技术上的关注，然后表达地域文化与民族精神。因此，在建设过程中，不仅要考虑自然环境因素，还要充分考虑当地居民的生活习惯，并结合不同时期的历史文化背景，形成独特的居住氛围。建筑形式、空间尺度、整体色彩、本土建筑材料和生活方式等，构成了传统民居建筑系列标志，以此为出发点创建现代生态庭院设计，不仅节约了资源，也有地域特色，又最大限度地减少了环境污染。通过营造富有个性与意境的自然环境，满足人们对于人与自然和谐共生的追求。这种庭院环境更能引起居住者对于往事的文化认同。

（三）整体性原则

庭院式住宅设计是一个整体，具有综合性，它不仅能适应社会功能上的要求，也符合自然生态规律，融合生态大环境发展规律。因此，它不仅是一种新的住宅形式，也体现了人与自然和谐统一的理念。庭院式住宅设计与自然环境相比较，属艺术范围，这些项原则都缺乏，居住空间设计也会因为瑕疵失去完整性。从建筑设计理论角度分析，庭院住宅具有良好的生态环境条件，但由于缺乏相应的规划措施，使其不能发挥应有作用。庭院住宅的设计应以建筑的整体环境为对象，重新整合与再造其中各空间要素，建设宜人的居住环境。同时，还应该注意到，庭院住宅本身就是一种特殊的文化载体，具有独特的人文价值和审美内涵。现代庭院式住宅设计绝不仅仅是把建筑的配景与背景作为自然元素来考虑，不仅相地合宜地采用了生态技术手段，又与自然环境构成了一个统一整体。只有把庭院作为一种特殊的"家"来看待，才能够使人们从心理上获得安全感。优秀的庭院设计关注人们的生活体验和情感，它是人们于茫茫宇宙中的栖身之处。庭院不仅能满足人们日常的起居活动需要，还能够为居住者提供良好的心理情感体验和精神寄托，营造一种人与自然和谐共生的文化氛围。采用生态绿色设计，充分融合自然环境和周边，营造了一个和谐而富有内涵的庭院外部环境，就是人们向往的美好生活。

（四）可持续性原则

庭院式居住设计创造了居住环境，在使用与更新的过程中，遵循可持续性原则，强调重视常规能源及不可再生能源节约和回收。庭院是自然空间系统，它通过植物配置及景观构成等手段，形成一个完整、有序的有机整体。理想庭院住宅生态系统应该有一个稳定的状态，表现出永恒性建筑形态，不因岁月流逝而褪色。以自然环境为依托的庭院住宅是一个有机整体，通过多种方式实现物质资源、能量流动和信息交流的最大化。庭院可以成为一个独立的生态体系而存在，在庭院景观设计中，遵循地质特性，会依托良好生态形势，使用所有可控制的要素，有效利用自然资源及地质因素。以自然条件为基础构建合理有效的人工生态景观系统，根据实际需求来调整各要素之间的比例关系。庭院住宅促进了环境可持续性供应能力和生物多样化，系统化维护可循环再生功能。对于自然环境造成影响最大的就是水资源。对于能够降低环境负荷的节能新技术进行大力开发，增加在其项目研究方面的投资，同时要减少居民对家电设施的依赖，方能控制能源、资源等消耗，收集和利用自然资源，也是一种控制和节能的表现。对于一些特殊场所，如医院病房，需要考虑如何降低能耗。此外，需要加强小区绿化建设，为人们营造一个良好的生活居住氛围。院内有太阳能设施、合理二次利用废旧物品和建筑垃圾，更换采用可再生建筑材料等，均是遵循了环境可持续性原则。

五、传统民居生态理念对现代庭院式住宅的适用性

现代庭院式住宅的设计受到传统民居庭院中人与人、人与自然和谐相处的生态理念的启发。这种理念强调顺应自然、因地制宜和以人为本。在设计中，我们应当遵循这些原则，确保现代庭院住宅的适用性得到提高。

第一，传统民居庭院能源利用方面有着自己特殊的表达形式，例如，传统民居使用太阳能源时就选用了既简便而又切实可行的办法，通过住宅与窗户的朝向来解决主采光等问题，同时利用太阳日照弥补采暖的需求；在对风能能源的选择使用上，将通风降温应用于天井、烟囱等。第二，空间布局与建材选择，既兼顾节地、节水、节材，也兼顾它的生态性，实践源于自然。第三，随着我国经济发展方式的转变及城镇化进程的加快，传统民居建筑面临着转型升级的任务。从生态运用上看，传统庭院民居和现代庭院生态设计之间肯定是有区别的，由于过去生产力水平不高，也不能对抗自然的力量，庭院设计也只能限于顺其自然、和自然相结合。第四，随着人们生活质量的不断提升，现代城市中的居民也开始注重居住环境，追求绿色健康的居住模式，这就使得庭院建筑成为未来发展方向之一。但是，现代社会生产力在发展，科技水平也在进步，从某种程度上讲，利用

技术手段可实现现代生态庭院住宅的整体改造。

从整体上看，由于资源过度浪费，环境问题日益凸显，引起了人们对生态环境的重视，可以将传统民居中传递的生态理念加以延伸与应用，对其中所传递出的生态特征进行了提炼与概括，将其应用到当代生态庭院居住设计当中，让其没有生态大环境下的违和感。这样不仅有利于人们居住生活质量的提高，同时能够更好地促进我国经济与社会的发展进步。

六、庭院式生态住宅和自然环境

庭院式住宅设计，不断受到中国传统文化中生态理念的熏陶，使得现代庭院式居住更迎合自然环境的需要。基于此，庭院式住宅甄别出不利于自然环境的因素，采用较传统庭院更先进的工艺，营造更加适应现代社会环境要求的庭院式住宅。

基于生态庭院居住自然环境，综合考虑各地气候条件，然后根据人们主观舒适度，设计出了相应可持续发展系统。在具体规划设计时，应该坚持"以人为本"的基本理念，从满足使用者的心理需求出发来营造良好的居住环境。合理调整和处理好影响居住的物理因素，是庭院所面临的一个实质性问题，让人有清新的空气、丰沛的阳光，优越的绿化条件等，同时考虑周围环境对人体舒适度所产生的影响，使人类和自然环境向有利方向发展，达到和谐共生之终极目的。

在生态庭院的早期设计规划中，首先，调查和分析建筑周边自然环境的潜在价值，综合考虑了气候和土地等因素和其他要素是否得到充分利用。其次，对建筑本身的环境条件做出判断，如在建筑设计中，需要从多方面综合考量，以保证其实用性和美观性之间达到平衡。

七、庭院式的生态住宅和人文环境

庭院式住宅处于特定社会系统中，由于人为因素影响，变数较大，它的社会性并非天成，和自然环境刚好相反。

现代生态庭院式住宅的产生和人文环境的理念是密切相关的。首先，居住者是居住在这一生态体系中的主体，它本身产生一种行为活动，在庭院住宅生态系统功能优劣中起着举足轻重的作用。其次，居住人群在庭院住宅内的各种生活方式和生活习惯都会影响人们对于整个生态环境质量的评价。作为当代庭院住宅环境的一个重要媒介，众所周知，环境更多的是指自然生理方面，殊不知，在人类精神世界里，心理感受又属于环境，这就不应该只注意那些自然环境之中的事物，还要关注精神性人文环境。

以传统四合院为例，在人文环境层面上讲的传统民居，四面房屋相互独立，又建围合为一个庭院，相互通过游廊相连，使得传统四合院私密性强，也方便生活起居；庭院四周树木花草点缀其间，不仅为居民提供了休息娱乐的场所，也是历史文化传承的一种体现。庭院里的花鸟鱼虫，让居住者亲近自然，沉醉于大自然美好之中。传统四合院改造、雕饰、彩绘等，更能显示居住者之嗜好与风俗。

现代庭院式住宅设计传承了传统民居中优秀的生态理念，同时，更多关注居住者身边的社会环境，这就要重点解决庭院空间节能、节水问题及其他设计问题。在建筑设计中，人们应该充分了解人们对建筑环境要求的差异性。

必须坚持以人民为中心，运用合理的生态理念，趋利避害，设计现代庭院式住宅，它在人居环境中体现出来的文化底蕴以及对居住者的重视程度，是打造真正生态庭院住宅的需要。

第五节　生态住区景观设计

随着城市生活节奏的不断加快，城市居民迫切需要一个随时可以放松休闲、愉悦身心的住宅环境。为了满足城市居住小区居民的客观需求，生态住区景观设计中引入微型广场，为居民提供一站式的生活享受，包括视觉上的园林景观艺术、生活上的休闲健身娱乐等。

一、生态住区景观设计要素

（一）景观绿化

住宅小区景观设计的要点是尊重自然、因地制宜，观赏性与功能性兼备。优秀的景观设计不仅可以带来赏心悦目的享受，还能促进居民之间的交流。

（二）地面铺装

微型广场主要交通方式是人行交通。在景观设计中，地面铺装不仅仅要满足色彩、质感、尺度、韵律等视觉享受，还需满足一定的功能性，即人流导向性、分隔空间、组织空间等；微型广场在生态住区景观设计中占有很大的比重，微型广场既要保持独立性，又要和园林景观融合、协调，也可体现一定的文化特色。

二、生态住区景观设计

（一）设计原则

生态住区景观设计的基本原则：①人性化，要充分考虑到小区居民的需求，发挥小区景观设计的绿化、美化、净化等功能；②开放式，小区景观设计向所有居民开放，便于居民欣赏、休息及娱乐；③园林式，住宅小区的景观设计提倡园林式，以提高住宅景观的设计品位，将视觉享受与日常生活密切结合；④功能性，景观设计的功能应当明确，表现为在人们休闲、娱乐时为其提供环境和场地，使人们愉悦地进行各种活动。

（二）景观设计

城市住宅小区进行景观设计时，考虑到小区绿化空间有限，分析景观中的几点设计：①绿植采用高、中、低的立体层次绿化，高低错落，主次分明，丰富多彩，疏密有致。绿化层次表现是不可缺少的设计方法。低层以大面积的绿地草坪为主，中层以灌木和矮乔木为主，高层则选择大乔木或中乔木。国内某些大型房地产商采用五重层次的绿化景观，绿化层次更加丰富多彩。②山景与水景设计，在绿化景观中，采用"簇拥"的设计方法，集中于某一个观景点，或两者共同构成小型的观景台，便于居民驻足观赏。如某住宅小区，借传统叠山理水之手法，设计一处山水景观，北为高低起伏的塑石假山，瀑布倾泻而下，落入鹅卵石巧妙点缀的水池中。颇有"山得水而活，水依山而媚"的感官效果。③景观设计注意植物的选择和搭配，常绿、落叶植物相间，优化选择藤本植物以及草本花卉，延续植物的花期，设计中提倡三季花开、四季常绿，提高景观的可观赏性，如武汉市的花期，春季有红叶碧桃、白玉兰，夏季有紫薇、花石榴，秋天有红枫、桂花，冬天有梅花、山茶等。④生态住区景观设计期间，可以设计多条石径小路，营造"曲径通幽"的环境，细腻优美，移步换景，体现出"苏州园林式"的设计手法。

（三）铺装设计

城市住宅小区中，中庭广场式的铺装要符合绿化造景的实际情况。铺装具有导向、分隔、组织、造景的作用。铺装设计具有以下要点：①尺度，不同的铺装尺度能够在景观中形成不同的设计效果，大尺寸铺装时选用抛光砖、花岗岩等材料，中小尺寸铺装以地砖为主。②色彩，铺装的色彩具有衬托的作用，色调与景观相互协调，尽量不要选择色彩鲜明的铺装方式，以免影响景观设计的效果。③质感，在城市住宅景观设计中，中庭广场的空间、地域均有一定限制，因此，铺装的质感要细腻，不能过于粗犷，体现出精致、柔和的设计效果。

（四）中庭广场设计

中庭广场的设计需要注重比例、尺度、图案等，要从人的行为惯性和心理需求出发，要具备安全、实用、耐久的特征，通过合理设计活动场所，为居民提供休闲、娱乐的场地。中庭广场设计时，需要调查城市住宅小区中的年龄结构，准确定位广场的功能。例如，某住宅小区临近汉江边，小区中庭广场设计迎合江景，采用了独特的"行云流水"主题，以水系贯穿整个小区的景观，富有灵动和激情。小区景观设计主要围绕两个小广场，灵活布置：一个以喷泉为主题，布置有石砌拱桥，有"小桥流水，小家碧玉"之感；另一个以运动为主题，围合成下沉式圆形广场，安装健身器材、儿童滑梯等设施，同时设计了木制坐凳，方便居民休憩。

三、生态住区规划设计原则

生态住区规划设计的目标是全面考虑满足人的需求和景观形象的塑造，建立居住区不同功能同步运转的机制，创设文明、舒适、健康的居住环境，以满足人们日益增长的物质和精神生活需求。居住区规划设计应遵循以下原则。

（一）便利性原则

居住区规划设计用地布局合理，道路顺畅，人车分流，车位配套完善，公共设施齐全，布置合理，使用方便。户外场所按功能划分，提供残疾人、老人、儿童等特殊群体的无障碍设施，最终满足人们的生活行为模式以及新的生活方式需求。

（二）艺术性原则

在居住区规划设计中，融入观念、思想、文化，使居住环境有主题、有特色、有灵魂。除了物质条件外，满足居民在精神和心理方面的需求，使居住区环境有更高的文化品位和艺术魅力。

（三）归属感原则

人对居住环境的社会心理需求，通过居住环境反映自身的社会地位、价值观念。设计中要注意把握居住私密空间和交往开放空间之间的平衡。

（四）生态性原则

生态住区景观设计追求以人为本，将人们的生活与美好环境密切相连，住区内可以采用植物改善生态环境，通过智能手段达到监测、康体、娱乐等功能，使居民们真正感受到人与自然的对话。

（五）以人为本原则

居住区规划设计需要体现"以人为本"，尽可能做到满足不同年龄居民多方面的活动要求。从物质建设上，保障良好的空气环境和日照条件，周密考虑居住区的安全防卫系统的正常运转。

第六节　生态湿地景观设计

湿地作为自然界中一种重要生态系统，在保护生态系统的多样性和改善水质以及调节气候等方面具有重要作用。在现代园林景观的设计中应用湿地景观，能够大大提升现代园林景观的社会效益、经济效益和生态效益，可以有效保护城市园林景观的生物多样性，更加有效地调节城市气候，提升城市净水排污能力，从而丰富城市园林景观的内容，提升现代园林景观的整体层次和品质，促进城市的可持续发展。

一、湿地生态景观概述

湿地生态景观是一种水域景观，有可能是天然或者人工的以及长久和暂时的沼泽地、泥炭地，或者是湿原和水域地带，抑或是静止和流动的淡水、半咸水和咸水水体，也包括在低潮时低于 6 m 的浅海区、河流、湖泊、水库、稻田等。在世界范围内，共有自然湿地 855.8 万 km²，占陆地面积的 6.4%，不足 10% 的湿地，却为地球上 20% 的物种提供了一个适宜的生存环境，湿地景观也被称为"地球之肾"。湿地景观中存在着多种多样的生物，是自然界中一种较为重要的生态系统，其合理利用和保护，对促进社会的可持续发展具有重要意义。湿地景观的特征主要包括存在空间数量、时态上以及组成成分和性质都不同的水，生物系统多样性丰富，具有综合效益。

湿地景观中的水体景观空间是区别于一般城市水体景观空间的更为生态的人与人、人与自然之间的交往空间。湿地公园的水系规划应满足水源补给充足、水质保障措施完善、湿地类型多样三大要点。湿地公园水系规划主要有防洪排涝、水质净化、科普教育、休闲娱乐四个功能，水系规划应以确保湿地水量的供给平衡，促进湿地循环自净，发挥湿地生态功能为主要目标。

二、湿地景观的设计要点

（一）水景平衡性

湿地作为一种独特的生态系统，它与人类社会有着十分密切的联系，对人具有巨大的影响。湿地的产生形成、成长壮大、更迭演替，在衰落消亡直至恢复再生全过程中，水始终贯穿始末，可以说，水体的优劣直接影响着整个湿地开发的情况，很有必要在设计中考虑水体资源的质量净化与均衡。在规划设计中，要考虑到水域空间形态对环境的影响以及不同区域内各类型水网系统之间的相互联系。水系规划要保证湿地水量供应均衡，推进湿地循环自净，开发湿地的生态功能是首要目标。在中心城市设立内河道、外部湿地和水库联通循环系统，做到水体的有序流动，发挥河道与湿地的作用、水库自然净化作用，加强水体自净，提高水环境质量。

（二）植物的乡土性

城市湿地景观水生植物在水景营造方面起着举足轻重的作用。水生植物具有较强的观赏性以及丰富多样的种类。通常用于造景的水生植物包括湿生植物、挺水植物、浮水植物、沉水植物等。在现代园林工程中，水生植物已经成为一个不可或缺的组成部分，它具有良好的观赏性与生态性及多样性特点。水体水生植物既能满足观赏特点，也能对水中污染物进行有效吸附，发挥净化水质作用，例如，可吸附重金属汞、铜、铁。此外，水生植物还是一种很好的微生物载体，在一定程度上可促进水生动植物的生长。水生植物在设计中的应用，既可以提高水体自净能力，也可以为水中鸟类、鱼类动物提供必需的生存空间。同时，水生植物也能作为景观美化的一部分，在园林景观建设中起关键的作用。水生植物对维持湿地生物多样性具有重要意义，可通过栽植大量水生植物修复湿地生态系统。

在自然群落环境下，选取的优势物种及常见物种配置植物，即人们常说的"乡土植物"。在现代城市园林绿化设计中，乡土植物已经成为一个重要的组成部分，并且发挥着越来越大的作用。乡土植物是自然界急剧变化中经过漫长筛选的产物，能很好地适应并抵御本地极端天气刺激伤害及洪涝、干旱等灾害、病虫害和其他恶劣环境的侵害。在城市发展过程中，很多地方都会出现由于气候原因造成的洪涝灾害，这就需要将这些入侵物种引到新地区种植。有的湿地环境，甚至驯化后的外来物种也一样，一开始能较好地适应本地自然环境，但是在突发性灾害发生时，外来物种的危害不可避免。因此，在景观设计中，要考虑到对本土资源的保护。此外，还应充分考虑地域差异，视地理条件而定，选择合适水生植物，构建原植被系统，更是一种景观生态设计。

（三）驳岸的生态性

水体中岸线局部为水陆交错过渡地带，有明显边缘效应。它对维持整个生态系统平衡起着重要作用，这里存在着积极的材料、养分与能量流转，为多种生物的栖息提供场所。因此，对它的合理规划与设计将成为改善生态环境和提高环境质量的关键。构建城市湿地景观时，若不重视湿地驳岸生态设计，就会把水、土和生物摧毁，导致气的相互作用，水体自净能力降低，还可能造成负营养化。因此，必须重视对驳岸的合理规划与设计。驳岸设计试图保护并促成一个丰富生态系统，以及生态驳岸的可渗透性等，能够充分保障水岸间的水分调节和交换。

驳岸根据断面形状的不同，有自然式与整形式之分。自然式驳岸是指在一定地形条件下，利用植物或动物等形成的各种形态来改善河道水流状况，从而达到整治河流水质目的的一种人工构造物。普通自然式驳岸包括山石驳岸和缓坡驳岸等；整形式驳岸是指由硬质材料或其他轻质建筑材料构筑成整体结构，具有一定稳定性，可以抵抗风浪冲刷作用的一种驳岸类型。整形式驳岸包括立式驳岸、斜式驳岸和台阶驳岸等。驳岸景观具有生态性、观赏性等特点。就驳岸景观设计而言，应该在水和岸之间设置自然过渡带，栽培具有耐湿性及水生特性之护岸植物，提高水生生物食物供应量对污染物及沉积物进行有效的治理避免土壤养分流失，净化水质。

（四）科普教育性强

湿地人文景观设计以各类湿地为主，营造具有典型地域湿地文化特征的湿地景观，使景观参与主体，体验别样风情。我国湿地资源丰富，但是随着人口增长以及工业化发展进程加快，对湿地造成了一定程度上的破坏，因此，必须加大保护力度，使之更好地发挥作用。湿地人文景观包括湿地周围环境人类生产生活的方式、风俗习惯、宗教信仰、道德观念等。

在湿地公园建设中，要重视发掘地方特色文化，留住历史给予这片土地上的精神文明，在此基础上，采用先进的设计思想与方法，进行合理的创新，不仅显示了地域特色，也体现了时代性。

湿地水体景观空间场地的规划和设计应充分体现其教育性，例如，户外湿地课堂中的场地设计、湿地知识展示型标志牌设计等。通过分析目前我国城市湿地景观设计中存在的问题及形成的原因，提出了基于"可视"理念的景观规划策略。对于湿地公园的水体景观场地，要在人工设施、焦点景观等设计方面做到可视性教育。通过视觉感知系统来提高使用者对水域环境的认识，从而提升人们的环保意识。对湿地进行人文景观规划，使之具有修复和保护湿地资源、传承与留存湿地地域文化、提供景观生态教育与体验等诸多用途。

三、湿地生态景观的作用

（一）明显改善城市水体污染状况

城市湿地景观能够明显改善城市水体污染状况，具有净水排污的功能。由于城市化进程的加快和城市人口的不断增加，城市污水排放量越来越大，在此种情况下，城市水体污染较为严重。将湿地景观运用于现代园林景观设计中，能够运用城市湿地系统中多种多样的生物群落，对城市的水体进行净化，可以明显改善城市水体污染状况。现阶段，我国城市湿地景观分为地表径流湿地和水平低下水流人工湿地两种，在改善城市水体污染方面具有明显的效果，且具有较高的经济价值。

（二）有利于调节城市气候

将湿地景观运用于现代园林景观设计中，能够起到调节城市气候的作用，这主要是由于城市湿地景观系统中的水分在蒸发后形成水蒸气，进入大气中，然后又通过降水降落到该区域，能够有效保证该区域的空气湿度和降水量，从而起到调节城市气候，提升城市环境的质量，缓解城市的热岛效应的作用。

（三）有利于丰富现代园林的内容

在进行传统的园林景观设计时，人们往往不重视对湿地景观的设计，即使其中存在一部分水景设计，也并不具备湿地景观系统的作用。在现阶段，湿地景观被越来越多地运用到现代园林景观设计中。大量城市湿地景观设计案例告诉人们，在进行城市湿地景观设计时，并不能只根据湿地景观的特征进行，还应该建设大量绿地，应该运用大量水生植物对城市湿地系统进行调节和改善，充分发挥现代园林湿地景观的社会效益和生态效益，还有利于丰富现代园林的内容。这就要求在对现代园林湿地景观进行建设时，进行部分旅游业的设计，这样不仅能够发挥湿地景观的作用，还能够充分发挥园林的观赏价值。

（四）可以有效保护生物的多样性

湿地景观作为一种生态系统，其中包含各种各样的，生态系统较为复杂，且具有较高的稳定性水生动植物。在现代园林景观设计中运用湿地景观，将湿地景观和现代园林景观相结合，使其相互协调，能够达到保护城市湿地系统生物多样性的目的，促进城市的可持续发展。

四、城市湿地公园的营建方法

城市湿地公园的营建主要是利用城市湿地生态景观及其资源融合城市公园的功能，来完成湿地与城市公园功能的协调。人们必须掌握好营建原则，抓住一些关键要素，这对完善城市湿地公园的营建起到重要作用。

（一）湿地公园的选址

湿地公园的选址应主要考虑地域的自然保护价值、植物生长的限制性、土壤水体各个基质、土地利用变化的环境影响，以及一些社会经济因素等。特别是应注重现状，可利用的资源是否满足湿地生境的建设条件、场地现状，以及周围城市环境风貌的协调等问题。

一般宜选择在非市中心地带，交通方便并且远离城市污染区的地方。为了满足湿地植物生长及生态环境的要求，最好选择在河道、湖泊等上游，并且有丰富地形地貌的低洼地带。确定湿地公园选址的一般方法如下：①实地考察；②编制可行性报告；③湿地公园选址评价。

（二）保持湿地系统连续性和完整性的设计

湿地系统是一个复杂多样的生态系统，在对湿地景观进行整体设计时，应该综合考虑各个因素，以保护生态系统为基础，营造和谐的景观感受，包括设计的内部结构、形式之间的和谐，力求维护湿地生态环境的连续性和完整性。

1. 湿地公园景观设计前做好对原有湿地场地环境的保护工作

湿地公园景观设计应对原有湿地环境进行调查研究，包括区域的自然环境及其周边居民环境情况的调查，特别对于原有湿地的水体、土壤、植物，以及周围居民对景观的期望等要素进行详细调研。只有充分掌握了原生态湿地环境的情况，才能做好湿地景观设计，并能在设计中保持原有湿地生态系统的完整性，还原生态。掌握了当地居民的情况，则能在设计中考虑到人们的需求，在不破坏自然生态的同时，能满足人的需求，使人与自然融洽共处。此外，应进行合理的城市绿地系统规划，保持城市湿地和周围自然环境的连续性，保证湿地生态廊道的畅通。

2. 利用原有的景观因素进行设计而保持湿地系统完整性

利用原有的景观因素，就是要利用原有的水源、植物、地形地貌等构成景观的因素，这些因素是湿地生态系统的重要组成部分，但在不少设计中，并没有充分利用这些元素，从而破坏生态环境的完整及平衡，使原有系统丧失整体性及自我调节能力。

（三）水质维护的设计

水是湿地形成、发展、演替、消亡与再生的关键，是湿地景观之魂。由于人类活动的影响，湿地生态系统中存在着各种污染因子，这些污染对湿地生态环境有着很大影响，从而导致水体质量下降等一系列问题。因此，需采取一定措施调控水质。首先，要做到水循环，人们能够从工程技术方面来提高湿地地表水与地下水的连接，使得地表水与地下水得以互补；其次，在生物方面，人们应该利用植物吸收污水中的氮、磷等物质，净化水体。此外，景观设计中人们还可以采用跌水或者喷泉等方式，增加水流的感觉。

对人工湿地而言，人们可采用合适的方法形成地表水，有利于地下水补充。在进行人工湿地建设时，应充分考虑到其自身特点及功能要求，并结合当地的自然条件制定相应的规划方案。现在流行的方法是把雨水汇集到预沉淀池中、渗透或者过滤池，经过雨水收集和处理系统，实现对雨水径流中大的悬浮颗粒的有效调控与清除的效果。然而这些方法没有充分利用自然条件，因此存在一些不足。为从径流中有效捕捉并去除此类污染物，人们采用人工湿地来处理，将地表径流管理的设计有机地融入景观设计中，从整体的角度出发，确保湿地水资源合理与高效的可持续利用。

（四）植物设计

植物是生态系统的一个重要组成部分，在景观设计中，同样是必不可少的一个重要元素。湿地植物景观设计可以有效改善城市环境和美化生态环境，同时还能起到净化空气、美化环境的作用，为人们创造良好的生活居住环境。就湿地植物景观设计而言，应兼顾植物物种多样性，尽可能使用本土植物。湿地具有特殊的水文条件与气候特征，因此，湿地植物造景应充分考虑其生态功能和美学价值。湿地植物景观设计主要针对水面进行设计，辅以一些陆地，观赏景观以水面或沼泽为主。因此，湿地植物景观设计必须遵循一定的原则与方法。天然形成的湿地，生物种类丰富，经不断演替更新，已初步形成稳定的植物群落结构，为湿地植物景观设计提供了良好参考。受气候条件等因素的影响，人工湿地建设后也会产生一些问题。针对自然植物群落学习模拟，就是要把理想的生态效益发挥到极致。通过对湿地环境的研究分析，可以了解到自然界中物种间相互作用及其生长规律，从而使人们更好地掌握各种植物造景手法，提高植物景观的质量，实现人与自然和谐共处。生态环境各异，促使不同植物景观形成格局，在对自然植物景观的仿真中，主要是对群落特征进行概括，以及采用本土植物的再设计，在符合生态要求的前提下，在净化水体时，各种植物组合，形成了丰富多彩、错落有序的效果，在水体污染物处理方面发挥了互补作用。

1. 植物配置原则

在考虑到植物物种多样性和因地制宜的同时，尽量采用本土植物，因为它适应性强，成活率高。尽量避免采用外来物种和其他地域的物种，其难以适宜异地环境，又或是可能大量繁殖，占据本地植物的生存空间，导致本地物种在竞争生态系统中灭绝。就像东湖"绿藻"蔓延，导致东湖大量本土植物消失，致使水体质量恶化。所以，维持本土植物就是维持当地自然生态环境的成分，保持地域性的生态平衡。

植物搭配除了要有多样性外，植物搭配的层次也很重要，植物有挺水、浮水、沉水之别，还有乔灌木、草本植物之分，应对这些各种层次的植物进行搭配设计。另外，对于植物颜色的搭配也很重要，在植物景观设计中，植物色彩搭配直接影响整个空间氛围，不同颜色可以突出景物，在视觉上也可以将设计的各部分连接成为一个整体。

从功能上看，可采用一些茎叶发达的植物来阻挡水流，有效吸收污染物、沉降泥沙，给湿地景观带来良好的生态效应。

2. 湿地植物景观设计要点

在湿地植物景观设计的布局中，首先，平面上，水边植物配置最忌等距离种植，应该有疏有密、有远有近，多株成片、水面植物还不能过于拥挤，通常控制在水面的30%～50%，留出倒影的位置。其次，立面上，可以有一定起伏，在配置上，根据水由深到浅，依次种植水生植物、耐水湿植物，形成高低错落、丰富的水岸立面景观和水体空间景观的协调和对比。还可建立各种湿地植物种类分区组团，交叉隔离，随视线转换，构成粗犷和细致的成景组合，在不同园林空间组成片景、点景、孤景，使湿地植物具有强烈的亲水性。

3. 湿地植物的选择

（1）选择植物时，应避免物种的单一性和造景元素的单调性，应遵循"物种多样化，再现自然"的原则。第一，应考虑植物种类的多样性，体现"陆生—湿生—水生"生态系统的渐变特点和"陆生的乔灌草—湿生植物—挺水植物—浮水植物—沉水植物"的生态型；第二，尽量采用乡土植物，因为其能够很好地适应当地的自然条件，具有很强的抗逆性，慎用外来物种，维持本地原生植物。

（2）应注意到植物材料的个体特征，如株高、花色、花期、自身水深、土壤厚度等，尤其是挺水植物和浮水植物。挺水植物正好处于陆地和水域的连接地带，其层次性的设计质量直接影响到水岸线的美观，岸边高低错落、层次丰富多变的植物景观给人一种和谐的节奏感，令人赏心悦目；相反，则不会吸引人的视线。若层次单一，则很容易引起视觉疲劳。浮水植物中，有些植物的根茎漂浮在水中，如凤眼莲、萍蓬草等，有些则必须扎在土里，对土层深度有要求，如睡莲、芡实等。

①自然湿地植物：黑龙江大庆属平原湿地，湿地植被类型属于草丛

沼泽，植物群落以芦苇、水烛、香蒲为主。云南中甸香格里拉的湿地属于高原湖泊湿地和沼泽湿地，前者植物种类以禾本科植物为主，如芦苇，后者以马先蒿、报春等草本花卉为主。

②湿法自然的人工湿地：成都活水公园中的"人工湿地塘床生态系统"模拟了黄龙五彩池的景观形式，种植了漂浮植物（浮萍、紫萍、凤眼莲）、挺水植物（芦苇、水烛、茭白、旱伞草、莲等）、浮叶植物（萍蓬草、睡莲等）、沉水植物（金鱼藻等），既净化了污水，又创造了一个与自然融合的生态系统。宁波公园人工湿地景观层次丰富，以竹为背景，岸边配置大花美人蕉、狼尾草，浅水地带配置梭鱼草、香蒲、慈姑、荷花，中水至深水地带配置王莲和睡莲，水岸线处理自然，线条搭配协调，景观效果好，另一处作为污水处理塘，种植浮萍去污，岸边用香蒲、南迎春、芦竹、大花美人蕉搭配，修饰规则池岸。

（五）道路交通设计

道路交通对湿地公园的设计具有重要意义，与游线安排、旅游者游览心理感受等有关。湿地公园作为一种特殊类型的公共游憩场所，其内部道路设施具有一定特殊性，不仅为欣赏景观提供了路径空间，更是造园基础设施之一。湿地公园内部道路系统不一定要拘泥于某一形态，只要尊重自然生态，交通问题就能得到合理全面的解决，既注重生态，注重水景和幽曲的设计，设置人性化游步道，也注重与周边景点联系的密切性，使之成为有机整体。对于临水地带的环境氛围，应着重关注，在交通道路上串起湿地的风景和人活动空间。

1. 游步道

湿地公园里的步道设计，应结合整个公园湿地景观与水岸景观。在设计时，既不要紧邻水岸线让人产生单调感，也不要疏远水岸线。要对公园游步道整体性把握，可根据水岸线的形态特征进行合理的、开合有致的道路设计。让游客可以有临水欣赏景观的空间，感受湿地公园内的自然生态之美。同时，道路与水面不宜接近，这样可避免步道过多对水体造成干扰，另外，这样可以使人们对景观有所期待，在景观的藏和露之间有一种"千呼万唤始出来，犹抱琵琶半遮面"的感受。

2. 桥

桥在湿地公园景观中是水面重要的风景点缀，中国造景中常说小桥流水的优美景致。桥在景观的实际运用中往往能成为视觉的焦点，它能丰富空间的层次，在水环境中能在近景和远景之间起到中景的衬托作用，同时具有空间过滤和连接的作用。桥的材质有很多种，如木质、石质、混凝土浇筑等，造型上有平桥、曲桥、拱桥等，尽量选用接近自然的形式来建造，更能与整体景观的自然、生态氛围一致。

3. 木栈道

木栈道应用于景观时，往往和水景相呼应，创造了独具风情的水岸景观。因其为木质这一特点，让它和植物、水体浑然一体，增加人与湿地景观之间的亲切感。木栈道为路径空间，首先，是交通要素之一，指引人群在园活动方向。其次，木栈道还具有美学价值，通过其造型设计能够体现出人与自然和谐共处的意境。木栈道能伸入水面，给人以延伸的感觉，并且加大人水之间的相互作用。木栈道还具有生态性特点，能有效保护水生生物及水域生态环境。木栈道可临水设置，还能与水面产生一定的落差，按空间组织要求，进行灵活多样的搭配。木栈道还具有生态功能，能净化水质，调节温度，降低噪声等。人可穿过木栈道，穿梭于水生植物丛与水面之间，领略植物曼妙的身姿，更易在自然生态中体会生境给人带来的惬意感。木栈道是以木构为主要材料建造而成，具有较高的稳定性。此外，架空木栈道因受水生环境干扰较少，将水面空间与植物群落隔开，形成一个丰富多彩的小环境，给人以多样化视觉感受。

（六）驳岸设计

驳岸环境是湿地系统与其他环境的过渡带，驳岸环境的设计是湿地景观设计中需要精心考虑的一个方面。科学合理的自然生态驳岸处理，是湿地景观的重要特征之一，对建设生态的湿地景观有重大作用。驳岸景观的形状是湿地公园的造景要素，应符合自然水体流动的规律走向，使设计能融入自然环境中，满足人们亲近自然的心理需求。

1. 驳岸设计的原则

（1）凸显生态功能。驳岸在设计中应保持明显的生态特性，驳岸形态一般呈平行水边带状构造，其空间构成应符合植物生长规律和水体运动要求，具廊道、水陆过渡性和障碍特性。就形态设计而言，要随着地形变化，尽可能保护好自然弯曲形态，争取收放有致。

（2）景观的美学。人们需要注意景观的视觉效果，驳岸景观营造要遵循自然规律与美学原则，遵循美学原则上的统一与和谐、自然均衡等规律。如根据河道地形起伏变化，合理布置不同形式的护坡结构，以满足防洪排涝的要求。通过对护岸平面纵向形态进行规划和设计，营造一种护岸之美，加强水系的属性。可护岸中增添某些景观元素，如植物铺装、照明等。

（3）提高亲水性。设计要从人的需求出发，考虑如何满足不同人群的使用需求。设计驳岸时，要遵循生态的原则、美学的属性，同时对人的行为心理进行剖析，驳岸高度、陡峭度、疏密度等，决定着人与湿地的亲近程度。通过不同尺度的人工水景来满足不同人群的需要。就驳岸的整体性设计而言，应选在行为合理地区，对驳岸空间形态进行合理设计，促使人产生亲水行为，包括重视残疾人廊道设计等。此外，还采用人工水景来提高人与动物之间的互动效果。如广东中山岐山公园的临水栈桥，就是随着水位高低错落变化，使其能贴近水面，贴近多种水生动植物。杭州西溪湿地公园临水步道凸显了亲水性，以木质作为廊道，具有原生态性，与湿地植物浑然一体。

2. 湿地驳岸的设计形式

（1）天然护岸。自然式护岸就是利用自然界物质构成坡度较平缓的水系护岸，且为亲水性较强的岸线形式。这种护岸与传统的人工边坡相比具有成本低、施工方便以及维护容易等优点。大多用于岸边植物、石材与其他材料采用天然结合方式，提高护岸稳定性。自然式护岸设计是希望园区水体护坡工程措施方便鱼类和水中生物存活，方便用水，景观效果还要尽可能贴近水岸自然状态。

（2）生物工程护岸。通过微生物分解作用使其变成易于被植物吸收利用的有机质或无机质。生物工程护岸指岸坡坡度大于自然土地失稳时，可以用稻草、柳条等部分原生纤维和其他纤维做成垫子，利用它们铺盖土壤，以防止土壤流失，防止边坡被冲刷。在这些原生纤维被逐步降解最后回归自然的时候，湿地岸边植被形成了发达根系，保护了坡岸。

（3）台阶式人工护岸。其结构简单，施工方便，造价低，维护成本低。这种护岸可以应用在多种坡度坡岸上，一方面，可以抵御更强水流冲蚀，另一方面，对植物根系生长起到保护作用，可以实现水陆之间的生态交换。

第七节 原生态景观设计

在整体上来说，园林景观设计过程中必须融入一定的原生态环境特征，要基于不同地域的实际状况合理设计、保障其持续利用，综合应用各种景观设计元素，彰显园林景观设计与原生态环境利用的价值与效能，进而在根本上提升园林景观设计的质量与效果。

一、园林景观设计与原生态环境利用现状

园林景观设计是指园林建设中，通过将多种自然要素和人工要素融

合、营造，有计划地布置环境空间，以适应人的审美需要的景观设计方式。随着我国城市化进程的加快，园林工程的规模越来越大，并且已经成为现代城市的重要组成部分。园林景观设计过程中，以空间审美为主，综合工程技术及其他科目，以物质化为本，凸显自身的价值和意义。在我国社会经济快速发展的背景下，园林景观设计受到越来越多人的关注，同时随着时代的进步与发展，园林景观设计已经成为一门综合性比较强的学科，能够有效促进生态环境的可持续发展。实际工作是在一定区域范围内进行，通过景观艺术和工程技术方式进行地形、植物的研究，有一定得美学价值，在进行设计时，一定要考虑到原生态环境的情况，合理运用，从而促进生态可持续性的发展，但城市发展到今天，园林绿化工程建设快速推进，但问题逐渐突出，在大多数园林景观设计的过程中，对于原生态环境的利用缺少关注，这一情况对园林景观设计的开展和环境保护都是极其不利的。当前，我国城市化进程加快，人们生活水平不断提高，但是在城市生态环境方面仍然面临着诸多挑战，在现代园林景观设计当中应该注重对原生态的保护和利用。

具体有如下几个方面：在园林景观的设计和规划时，对原生态保护的关注不够，其原生态环境在设计过程中受到一定程度的损害和影响，造成山体在原生态环境下、水系和自然植被的冲击和破坏等。同时由于在园林景观设计施工的过程中缺少相应的生态环境分析与研究，导致在园林工程设计过程中忽视了自然环境因素，从而使得园林工程项目无法正常运行。比如，在园林景观设计过程当中对等生态山体的破坏，开展人工山体再施工等工作。在园林景观设计施工作业时忽视了生态环境的重要性，使得在实际施工过程中往往会将自然环境因素忽略掉，从而使整个园林景观质量降低，同时还可能引起一系列环境污染问题。在园林景观设计和建设过程中，没有系统地分析当地的原生态环境，致使施工时对当地原生态环境造成破坏和影响，出现环境污染问题等，严重时甚至会造成生态发展不平衡，诱发多种自然灾害问题。在园林景观施工过程中，忽视了对地域性特征以及人文特色的分析，忽略了本土文化元素和传统建筑文化的融入，使景观设计与地方特色脱节，使得园林景观风格雷同，无法形成独特的个性与特点。开展园林景观设计和施工作业时，原生态环境缺少合理运用，一味景观再造，造成各类资源浪费，直接造成工程成本造价增加，致使各种资源、资金和人工存在过度投资，浪费严重等现象发生。同时，还使得一些具有地域性特征的特色建筑和植物遭到破坏，无法体现出园林景观设计的独特性，从而降低人们对于园林景观的喜爱程度。开展园林景观设计和建设时，缺少对于地域文化和历史文化等方面的关注，施工时生搬硬套，造成园林景观和城市文明之间的不一致，和谐性的缺失直接影响到整体园林景观的设计和原生态环境，不利于园林景观行业的发展。

二、园林景观设计与原生态环境利用的方式与手段

在进行园林景观设计与原生态环境利用过程中，必须基于地方状况、持续性原则以及综合性原则进行园林景观设计与原生态环境设计，系统整合园林景观设计与原生态环境两种因素，对其进行系统融合。

（一）基于地方状况，合理进行园林景观设计与原生态环境利用

在进行园林景观设计与原生态环境利用中，为了彰显生态规划的基础性原则，做到因地制宜，通过实际调查分析，了解不同的地形、历史因素、文化特征以及地貌等因素，将自然生态环境与园林景观设计作为设计的基础原则，进而构建和谐的、稳定的生态环境系统。在进行园林景观设计过程中必须根据不同地域的综合自然景观状况以及实际特征，合理设计。避免盲目应用各种设计理念，避免过度采用草木移植等方式实现所谓的"城市美化"，要综合美学、自然景观、植物以及生态环境等进行系统融合，将人与自然充分融合，进而实现保护自然环境。在进行园林景观设

计过程中，必须综合地方资源，综合地方的人文环境以及自然景观，基于生态环境保护角度对其进行系统规划，综合地域自然因素、环境特征对其进行深入规划，强化生态环境的指导规范作用，综合地域的地形、地貌以及基础特征作为主要依据，合理应用，保障原有水系、植被、地形地貌等特征，保持其原有的自然风情，进而合理设计，强化自然保护，提升园林景观设计与原生态环境的利用效果。

（二）基于持续性原则，合理进行园林景观设计与原生态环境利用

在进行园林景观设计与原生态环境利用过程中，必须具有一定的持续发展理念，从环境保护、自然发展的角度进行园林景观设计，进而推动其持续发展。因此，必须构建一个健康、稳定的生态环境系统，合理分析不同植被、树木在整个园林景观设计中的作用。在设计过程中综合考虑不同因素，设计人员要合理应用各种元素，始终坚持因地制宜的基础性原则，避免在整个园林景观设计存在资源浪费等问题；要合理应用各种新能源，通过对风能、清洁能源等的合理应用，实现资源利用最大化，要做到各种资源的循环利用，合理应用各种持续发展的基础性原则，避免在设计中出现资源浪费、环境污染等问题，这样才可以强化地方生态环境的约束能力，构建一个完善的、系统的资源保护系统。

（三）综合利用园林景观设计与原生态环境，凸显生态价值

在进行园林景观设计过程中，必须对各方面因素进行系统分析，综合社会资源、经济条件、自然生态环境以及审美学等因素，进而构建一个舒适、和谐的园林景观环境。必须处理好人与城市园林景观之间的关系，避免资源、财力以及物力等因素的过度损耗与浪费。必须合理应用自然群落因素，综合人类活动各项需求，综合利用各种自然生态种植资源，合理配置各种植物种类。

1. 系统分析，合理进行生态种植

在进行园林景观设计与原生态环境利用过程中，必须合理应用本土植物，避免盲目应用外来植物，尽可能应用一些具有实用性以及高存活率的植物，强化设计质量。同时，在进行植物配置过程中，必须合理配置，科学养护处理，进而凸显其生态效果，利用植物生态特征以及相生相克的生态原理，构建完善的园林植物群落，彰显园林植物景观设计的多样性，将园林植物景观设计与原生态环境利用充分融合。

2. 综合配置园林景观的植物种类，彰显生态特征

在进行园林景观设计过程中，关键就是植物配置，多样化是园林景观设计与原生态环境利用的重点。对此，在设计过程中，应综合不同植物的特征合理配置，通过对植物种类、色彩、高矮等进行分析，凸显植物的不同功能特征，进而保障整个园林景观设计与原生态环境利用的健康、绿色以及环保价值与特征。

三、原生态景观设计的内容

在景观规划设计中，研究人与环境的关系，景观生态学主要体现在自然保护区规划设计、农业景观生态设计、城市景观生态设计、工矿地区景观生态修复以及生态旅游开发等方面。

（一）自然保护区景观规划设计

自然保护区是指受国家法律特殊保护的各种自然区域的总称，不仅包括自然保护区本身，还包括国家公园、风景名胜区、自然遗迹地等各种保护地区。2005 年 3 月，加入联合国"人与生物圈保护区网"的自然保护区有武夷山、鼎湖山、梵净山、卧龙、长白山、锡林郭勒、博格达峰、神农架、茂兰、盐城、丰林、天目山、九寨沟、西双版纳等 26 处。在自

然保护区景观规划设计中，应该有生物保护优先的意识，考虑种群与整体景观空间相结合，促进生物群落的基因交流，综合考虑所有景观因子对生态系统的影响。

（二）工矿地区景观生态修复

工矿地区指工业、采矿、仓储业用地区域。工业用地即工业生产及其相应附属设施用地；采矿地即采矿、采石、采砂场、盐田、砖瓦窑等地面生产用地及尾矿堆放地；仓储用地即物资储备、中转的场所及相应附属设施用地。工矿地区景观生态修复的目的是因地制宜建立一个协调、稳定、效益好的景观生态系统，促进区域的可持续发展。

（三）城市景观生态设计

城市景观包括由街道、广场、建筑物、园林绿化等形成的外观及气氛。城市景观要素包括自然景观要素和人工景观要素。其中，自然景观要素主要是指自然风景，如大小山丘、古树名木、石头、河流、湖泊、海洋等；人工景观要素主要有文物古迹、园林绿化、艺术小品、商贸集市、建构筑物、广场等。它可使城市具有自然景观艺术，使人们在城市生活中具有舒适感和愉快感。城市景观生态设计是将城市景观放在环境、生态、资源层面进行研究，包括土地利用，地形，水体、动植物、气候、光照等自然资源在内的调查、分析、评估、规划、保护。注重将自然引入城市、文化融入建筑，实现可持续发展的现代生态文明城市景观建设，如城市绿地建设、景观廊道建设等。

（四）农业景观生态设计

农业景观指农业中可用来观赏的部分，一般以自然村为主景点，针对这种村庄与景点混杂的特点，逐步引导当地百姓从常规农业种植转向景观农业开发，大力发展特色农业，着力打造村景、山景、水景、田园景生态农业观光示范基地。农业景观生态设计追求自然和谐，将科技和人文融入农业发展，拓展农业功能，整合资源，把传统农业发展成融生产、生活、生态为一体的现代农业。

（五）生态旅游开发

"生态旅游"是由世界自然保护联盟（International Union for Conservation of Nature，IUCN）于 1983 年首先提出，以有特色的生态环境为主要景观的旅游。1993 年，国际生态旅游协会把其定义为：具有保护自然环境和维护当地人民生活双重责任的旅游活动。生态旅游是指以可持续发展为理念，以保护生态环境为前提，以统筹人与自然和谐发展为准则，依托良好的自然生态环境和独特的人文生态系统，采取生态友好方式开展的生态体验、生态教育、生态认知，并获得心身愉悦的旅游方式。生态旅游开发应该尊重生态系统的完整性，保持生态系统的本土性，并打造合理的旅游资源结构。

当今社会经济高速发展，社会在不断进步，打造原始的生态环境已经成为今后现代园林景观设计的主要发展趋势。提升园林景观设计与原生态环境利用的经济效益、社会价值以及生态效益，在建设发展的基础上，努力维护新的生态平衡，这样才可以提升园林景观设计的整体品质。景观设计展示人与自然的画面，表达人类对大自然的情感，进而为人与自然和谐发展奠定基础。

第五章　园林设计中自然生态
到人文生态的演进

第一节　自然生态向人文生态理念的转换

　　自然生态向人文生态演进理念的形成有一个漫长的发展过程。在过去半个世纪，社会文化价值观的发展变化基本主导了风景园林文化研究的形成过程。近一个多世纪以来，国外风景园林由单一的文化价值体系走向多元综合、整体协调的多元文化共生理念这样一个演变轨迹。

　　20世纪末，一些先锋景观理论家和设计师对当代风景园林文化的探索批判了现代主义走向极端的功能主义和实证主义以及后现代主义中符号化的认知方式和"新理性主义"中形式主义方向。他们认为，当代风景园林普遍采用的是一种总揽全局的形式语言设计，以一种几何学的研究方式塑造抽象的景观空间，将平面构图作为景观创造的主要手段，这种抽象、宏观的图示语言设计方法忽视了个人体验和具体情境的表达，大大局限了景观设计的思维及景观本身所具备的潜在创造力。可见，当代景观并没有展示出景观概念所包含的广泛内容，人们应跳出现有景观的认知局限，重新探索景观的文化意义及其认知模式，全面挖掘景观中多元而复杂的社会现实及丰富的文化潜质。

探索景观中新的文化生成与演进必须对现有景观的文化表达进行反思。现代主义让人们更多地关注抽象的空间，并建立了一套抽象、理性的空间认知系统，以一种客观、中立的图示语言描述物质空间的形态，忽略了时间的维度和人的体验。新的景观文化应重新引入人的体验、时间、事件及其演变过程。

一、后现代文化价值观

后现代文化价值观是在环境伦理观的基础之上形成的，人类生存环境的恶化导致人类伦理观的转变。当人们意识到人类中心主义、征服自然加剧了人与自然关系分离的时候，社会对自然的认知、文化价值观、经济发展观都产生了根本性的变革。人类已重新尊重自然、延续自然进程、保护生态系统的完整性与稳定性，探索一条人与自然和谐的可持续发展道路。

人们对于世界的认知逐渐由现代主义单一的、绝对的乌托邦观念转向一种多样的地域民族文化心理和思维模式。罗伯特·文丘里（Robert Venturi）在其著作《建筑的复杂性与矛盾性》（*Complexity and Contradiction in Architecture*）和《向拉斯维加斯学习》（*Learning from Las Vegas*）中为人们描绘了一种历史主义和地域乡土的美国现代消费社会背景下的文化价值观，阐述了当代社会与前工业化传统农业社会、工业化时期现代社会的不同。

在此之后，美国密歇根大学教授英格莱哈特（Ronald Inglehart）根据对全球 40 多个地区的"社会价值观"发展状况的统计和分析得出：当今世界发达工业社会文化价值观基本按照从"物质主义价值观"向"后物质主义价值观"转变、从"现代主义价值观"向"后现代主义价值观"转变的趋势发展，总体表现为由原来不发达的贫穷社会条件下的"生存价值"转向发达而富裕社会条件下的"精神幸福价值"。这种后现代价值观不再强调实现经济增长的最大化，而转向追求个体幸福和自由主义。特别是在消费文化层面来看，由原来的物质消费的实用、理性价值转向重视符号价值以及"快餐文化"。由此，英格莱哈特认为，人类社会的发展与变迁并不是线性的，现代化不是人类历史发展的最高阶段或最终目标，发达工业社会的"后现代化"转向已经证明了以上观点。针对当代社会文化价值观的变迁与传统农耕时期、工业化时期的"现代化"具有的明显差异，英格莱哈特将这种新的价值观和生活方式称为"后现代化"价值观。

我国已步入一个消费主义大背景下的后现代时期，逐渐趋向一种多元"价值观"文化共存、相互影响、具有结构动态性的社会文化价值观。

二、对自然生态系统进行人文思考

自然是所有生命的摇篮。随着人居环境的逐步恶化，人们逐渐意识到自然的可贵，从而更加珍惜、尊重自然。自十九世纪末现代景观诞生，奥姆斯特德倡导的城市公园的兴起、查尔斯·艾略特的波士顿公园体系到伊恩·麦格哈格的生态规划理念，生态价值观的普世化现象达到了一个全新的顶峰。自然生态演替的科学化、理性化是未来发展的必然趋势，科学合理地介入自然、引导自然的生态进程是全世界人类文明一种具有里程碑式的进步。直到 20 世纪 70 年代，阿普尔顿（Appleton）的"景观体验"和"瞭望—庇护"理论及卡普兰（Kaplan）的自然环境的文化认知模式在一定程度上改善了西方文化社会背景下一直强调的自然、文化二元论的片面认知模式。

人与自然的关系趋向整合，当代全球生态环境保护意识的逐渐增强导致当今文化与自然之间的融合，生态与人文本来就是一对相互贯通的概念。生态强调在自然层面上环境的整体和谐；而实际上，生态概念最初源于希腊语中的"oikos"，是"家"的意思，对这个层面的挖掘将生态概念扩展到对所有有机体相互之间及其与生物及物理环境之间关系的研究，除了自然演替，还包括人类活动及其文化进程、社会发展等。在此基础上，发展出了许多设计理念，如人工自然的模拟、有机自然观以及自然的最小干预策略等。1968 年，法国、德国与荷兰的新马克思主义者和无政府主义者对无拘无束的生活方式有着极大热情，他们渴望回归自然，强烈追求一种纯粹而真实的自然生活。他们反对现代主义强调的那种人与自然的对立，而是从文化和艺术角度来认识、理解和顺应自然，并对自然有着根深蒂固的崇拜。

然而，人类在反思对大自然的破坏时又过犹不及，人们在倡导自然绝非人之附庸之时往往忽视了人亦绝非环境的奴隶。近年来，环境决定论越来越受到文化地理学等学者的质疑，认为文化景观在受到自然生态环境影响的同时，很大程度上还受到人类社会文化传统和技术手段的影响。在区域自然生态环境相对稳定的同时，社会文化变迁在自然生态向人文生态演进的过程中则具有重要意义。苏尔认为，文化景观的多样性是建立在不同地域自然生态环境之上的社会文化演进的结果，因此，自然生态向人文生态演进具有时间属性，同时，自然环境和社会文化是演进过程中不可或缺的影响因素。

当代风景园林中自然生态向人文生态演进作为区域与城市有机更新的方式之一，是一种开放的、自我更新的生产模式系统，可加速或延缓自然演替的进程，是一种动态景观、过程艺术。人化自然作为不同文化干预自然进程的媒介，具有文化属性，是一种文化景观，这种人类生存的智慧（生活方式）反映了人与自然（自然进程）和谐相处的本质。历史遗存下来的文化景观作为抵抗环境同质化的一种手段，具有非常重要的价值，它不仅给设计师提供了无穷的设计灵感，也让人们重新审视设计价值观。

三、体验的回归与形式的消解

受消费主义的影响，当代社会生活催生出许多新形式，主要表现为商品、媒体、娱乐、庆典、时尚等城市日常公共生活景象。大众文化产业随着信息市场的普及逐渐成了人们现代生活的主要组成部分。人们日益关注日常生活中的个人体验与感知，在设计中强调文化艺术与日常生活的融合。阿尔瓦·阿尔托（Alvar Aalto）对文化有独到的观点，他认为"文化"不是一种象征主义符号，而是出现在作品及其组织、日常生活中均衡的理性。阿尔瓦·阿尔托在这里强调的是一种对生活的认知以及思考方法。

当代社会文化价值观已不再强调现代主义那种绝对理性的权威，更多的是表达一种不确定性、混杂性、个人参与等大众社会生活的特性。哈桑·法赛（Hassan Fathy）在《后现代主义转换》中对现代主义和后现代主义特性进行了对比，现代主义突出的是从形式向内容，从等级向控制，从确定性向超越性，从原因向结果的纵向关系，强调的是在场性和中心性的地位和作用；而后现代主义体现的是游戏的、平面的和解构的特征，后现代对无序与边缘的关照，对不确定性和内在性的呼唤，对共生关系和平等并列关系的倡导，二者形成了鲜明的对照。

挪威建筑师斯维勒·费恩（Sverre Fehn）设计的海德马克博物馆（Hedmark Cathedral Museum）利用原有 Storhamar 仓库中混凝土、木材、玻璃和古老的石砌墙体作对比，不同材料的质地与肌理产生了强烈对比，凌乱而自由且不拘一格，真实地表达了其历史文化的存在，建筑的历史文脉得以传承。使用功能的置换激活了原本用作畜棚的生存活力，让建筑焕发出新的文化生命力，如同生长出来的细部处理。这正印证了他的设计观："设计不是去创造，而是去发现。"斯维勒·费恩并没有特别依赖于模仿那些地域文化形式，也没有在跨文化、跨地域的实践中特别强调异国情调的符号和形式。相反，他显示出对建造的基本问题和基本理念的关注，这些也正是不同文化间真正共享的东西。

当代风景园林空间探索和形式革命是在现代空间的基础上发展而来的，其间经历了一个犹如钟摆似的设计风格演变历程，以批判的角度和先锋的姿态来诠释、再现、反叛，最后寻求超越的设计理念，并探索人类与风景园林之间潜在的关联性。风景园林的主、客体之间必须通过观念感知与物质实体建立起互动的桥梁，然而，观念和物质本身也是一对模糊不定的概念，或者说是一种共生且此消彼长的关系。在这种此消彼长的相互转换过程当中，当代风景园林的空间形式逐渐走向退避与消解。

詹姆斯·科纳（James Comer）认为，当前风景园林已经成为多样性和多元化的代名词，风景园林因其具有物质实体与时空经验上的双重特性，可以同时展现自然过程和现象学体验，并延伸出一种综合的、战略性的艺术形态，这种新的艺术形态已经脱离了传统的造型艺术，不再重视形式及其再现，而是寻求一种人类栖居过程中文化生命力的展现。景观的生成被认为是一个事件发展的过程，不再是一种关乎外观和美学的观点。

四、区域与城市更新作为一个整体性的复杂系统

在社会快速发展的今天，风景园林作为一个时髦的术语被人们应用于各个领域，包括传统的原野自然、田园风光、园艺栽植、环境艺术等。其中，大多数人仍然以 19 世纪传统意义上的花园来理解当代风景园林，将其纳入公园、绿色廊道、行道树、散步道和花园等形式来修复和缓解过度城市化带来的负面效应。

然而，有一些设计师和理论家将目光投向更广泛的领地：棕地恢复、雨洪调蓄、能源收集、生物栖息地、城市化景观和景观基础设施等。他们关注风景园林的概念性视野，以及通过风景园林的手段来组织复杂地段、生态系统和基础设施的能力，不仅包括自然系统的恢复和修补，更多的是对风景园林潜能的延伸和实现，将其视为多学科协作的开放性策略，这是一种灵活的、动态的、随时间变化的运行机制和引导区域整体更新的复杂系统。

今天，越来越多的风景园林通过一种物质生产模式来展现社会和政治结构，将过去作为一种审美创造的体验转化为根植于现代生活的现实体验。一些当代景观从传统的文化景观中汲取灵感，为了达到高效能的产出，往往制定一套严密的程序计划，它不仅仅是设计结果的表达，更重要的是复杂的介入，是设计师引导自然文化进程及自然创造力的展现，其演进过程本身比结果更为重要。

城市景观是一个极为复杂的巨系统，往往受到社会、环境、物质

与经济发展及转型的综合影响与相互作用。路易斯·芒福德（Lewis Mumford）曾对区域生态规划有如下定义：区域景观规划是对一切有关自然资源、场地和建筑等土地利用活动进行有目的的指导。芒福德将其归纳为一种"自然—城市—文化"综合演进过程的管理，依据区域与城市自然文化的特征分析，结合区域与城市发展的现有资源，构建一个长期、有效的灵活框架体系，是实现城市景观区域再生的基础。它是在这种现实状况下对区域与城市在特定时期转型中面对挑战及抓住机遇的一种回应。城市作为一个经济、社会、环境的综合体，需要利用全面的策略使问题的解决平衡、有序，并具有积极意义。正如冯仕达提醒人们："风景园林不应用作为一个风景术语，应当作为一种管理策略的范畴。"

第二节　自然生态向人文生态演进中的本然、应然与已然

一、本然、应然、已然之辩

本然——本来面目，无始之原有，天地人物之本原。

应然——对价值的判断，按照常理应当是或者理应怎样。

已然——对事实的陈述，已经这样，已经成为事实。

本然、应然、已然三者之间的辨析实际上涉及生态价值观和环境伦理学的问题。20 世纪 70 年代中期，在关于人与自然关系，以及面对生态危机人类应如何重新审视自己的价值与自己的行为等问题上取得了新的突破。主要表现为罗尔斯顿和泰勒所主张的客观、非人类中心内在价值论以及考利科特所倡导的主观非人类中心内在价值论。非人类中心价值论者认为，人不是唯一的评价主体，所有生物都从自身的角度评价、选择并利用周围环境，它们都把自身理解为一种好的存在，把自己理解为一个目的。

因此，就算人类消失，大自然依然存在着内在价值。而大自然的这种内在价值具有非凡的创造性，它使自然生态系统中的每一个个体都努力通过对环境的主动适应来获得自身的生存和发展，同时，它们之间也形成了一个复杂的协同、竞争和发展的创造性系统，这些个体组成的群体效应使得它们朝向健康、多元的方向演进。也就是说，自然的内在价值不依赖人的价值评判而客观存在。

"休谟法则"认为，用逻辑分析的方法无法从科学事实"是"中推导出价值"应当"。从生态学规律和当前人们面临的生态环境问题这一科学事实中虽然不能推导出生态道德的应当来，但它能够决定人可以做什么和不可以做什么。那么，当前人们面临的全球性生态环境问题就不需要改善吗？当然不是！人类对自然的认识是一个不断深化发展的过程，从某种意义上来说，人类认识自然的局限性是导致生态环境问题的直接原因，人类过去那种掠夺式开发自然资源以获得经济价值以及今天一些人倡导的"生态环境决定论"，其实都只是自然生态系统内在价值中的某一个方面。自然的人化实际上是在全面认识自然内在价值的创造性并协调生态、经济、社会、文化等当代多元价值观，本质上其实是将人作为自然的一部分，充分发挥其内在价值的创造性，使得人类能够在地球上更长久、更理想地栖居。

二、从绝对观念的乌托邦到个体原真性生命体验

风景园林作为人类千百年来介入自然的历时态自然进程和文化进程的共时态呈现，是先辈原真性生命体验的自然流露。一方面，让自然做功来引导自然进程；另一方面，通过个体生活经验的发生、叠合、交流来引导文化进程这种巧妙处理自然的延续和文化的变迁，不仅保证了自然生态环境自我更新，还促使其持续文化生命力的日渐彰显。

然而，我国当代风景园林被今天这样一个充满绝对观念的乌托邦世界所主导。他们不从场地特征和风景园林本身出发，将一些运作良好的场地特征彻底根除，并刻意表现出当前充满特权的"应然"——形式化的

生态元素和文化符号。从柏拉图的理想国、欧文的"新协和村"到马克思、列宁的共产主义理想，再到柯布西耶的现代主义城市规划、《雅典宪章》，这些无不是当今绝对观念乌托邦的历史渊源，它们是当时社会知识分子人文主义思想下的产物，其初衷是建立一套自上而下的行动纲领，引领着人们向其预设好的"美好愿景"前进。然而，20世纪60年代，罗伯特·文丘里（Robert Venturi）在《建筑的复杂性与矛盾性》（*Complexity and Contradiction in Architecture*）一书中倡导的后现代主义开始对这种乌托邦理念进行反思，在毫无文化气息的社区争取生活的意义，重新引入社会环境的复杂性、矛盾性，使人们的日常生活焕发新的活力。

个体原真性生命体验与笛卡尔坐标系下的永恒状态不同：前者是一个处在历史范畴下的存在着多样性的矛盾与复杂演进历程，而后者是一个崇尚绝对观念乌托邦的超验理想。风景园林自然生态向人文生态演进历史中的自然干扰与人为干扰作为文化发生的一部分，也将被纳入风景园林文化表达中，它将导致对自然文化的意义及认知模式发生转变，从社会学意义上构建了自然文化演进的引导者、参与者及自然环境之间的关系，同时否定了现有形式上的视觉审美理想。

由冯纪忠先生设计的上海松江方塔园及其建筑设计（何陋轩）在中国当代景观中可谓独树一帜。冯先生以他细致入微的体认方式去感知自然变化、人的活动和时间的流逝。在纵横交错的自然变化和历史事件中，构筑了一系列时空经验的踪迹。

方塔园设计不是以一种逻辑的次序展示物质空间的错落变化，而采用了一种松散却又自成体系的宽松结构，将个体体验容纳进一系列不连续的历史时空当中。唐经幢、宋方塔、石桥、元清真寺、明砖雕照壁、大仓桥和多处厅堂楼阁等，都独立完整、各具性格，似乎各自独立，互不隶属，在每一个具体情境的细节当中再现历史的瞬间，人们漫步于一个个碎片化的历史瞬间，并在这些瞬间延伸出来的情境当中去捕捉个人最真实的生活场景。拐过一片茂密的竹林，看到的是一道镂空的弧形砖墙，爬满了植物，经过时间的洗礼，显得有些"破旧"。砖墙后面伸出茅草屋顶，走过砖墙，小路斜着进入茅草屋，下几级台阶，此时，光线暗了下来，坐下并细细打量着场地中的环境及其变化。

在一系列体验中，时空经验的感知也许是人们唯一的认知工具。何陋轩及周边景物的自由组织给人们留下了深刻的印象，然而，建筑的形象及其场地围合的空间关系始终无法完整描述，因为场地中没有一个可以总揽全局的视角来记录建筑的外观造型及周边场地的形态。一段段不连续的弧墙，互成角度、多层叠落的台基，多向展开的弧形屋脊与檐口，地形错落开合……设计者去除其空间形式上的符号化认知，将建筑、场地、时间及自然变化的足迹统统纳入游览者的原始记忆当中。

人们会对弧墙上多年留下的痕迹充满情感，而对具有明确作用的东西产生厌恶。经过风吹日晒，长满青苔的砖墙呈现出一种历史的厚重感，时间的积淀和历史感的捕获唤起人们对平常生活中微弱事物的潜在印象，与宋塔、明壁等历史文物共同诠释了冯纪忠先生"与古为新"的思想。设计者关于微观事物中时空经验的自然流露将这一思想发挥到极致。哪怕是建筑内部的支撑结构都是模糊不定的，其屋架结构的交接点漆上黑色，杆件中段漆白，变得漂浮起来而难以捉摸，为的是削弱其整体结构的清晰度，独立自由地展开具体的情境交流，关注微观事物的持续变化，并建立人的内在经验与外在自然的联系。游览者每次来到这里都会有一种时空转换的全新体验。

何陋轩给人们带来的是一种稍纵即逝的时空体验，以具体的、清晰的、实实在在的体认方式去把握那些由细微的自然景象中所唤起的诗意心境。正如冯纪忠先生给人们描述的那样，"说着说着，日影西移，弧墙段上，来时亮出现在暗了，来时暗处现在亮了，花墙闪烁，竹林摇曳，光、暗、阴、影，由黑到灰，由灰到白，构成了墨分五彩的动画，同步地平添了几分空间不确定性质。于是，相与离座，过小桥，上土坡，俯望竹轩，见茅草覆顶，弧脊如新月"。这种体验已经远远超出了建筑形象的范畴，设计者通过对生命栖居过程的追寻，为景观参与者构筑了一种自然变化与人类活动进行时空交流的情境。

方塔园设计已经过去20多年，作为一个现代公园，既不隶属于某种风格，也不刻意去反对某种风格，很难用风格流派将它归类。堑道和石板桥的错落凹凸以及压低的屋檐等这些具体情境的设计看似毫无章法，其实别有用心。设计者无意涉足那些造型艺术，而更加关注的是独立的个体体验，自由嬉戏的建构行为脱离了形式风格的牢笼，游离在各种绝对观念与思潮之外，其生动的文化表达方式和情境组织技巧让人们重新关注那些日常生活中的细微事物以及它们之间的潜在变化，以生活踪迹的叠印来表达多元而复杂的社会现实。

由此，人们不难理解曾经热衷的思潮，今天看来却非常片面；而一些曾经远离人们视线的作品，在经历了时间的洗礼后，却闪烁着迷人的光芒。设计者通过文化发生的现象学还原，回归到事物的"本然"，获得淡定与从容。

三、话语权与话语体系

当前，一些人为了争夺业界话语权而将某一观点上升到伦理学的高度（如环境伦理、社会伦理），使"已然"走向"应然"，去除其"本然"。从伦理学立场提出的对现实的估价和对未来的设计，就有可能是蛮横的断言，而理论本身则可能沦为精致而无理的道德宣传。正如柏拉图所说的那样："城市的核心是卫城，并在其周围建立起一圈坚固的城墙。"他所强调的是话语的绝对理性和清晰的秩序，它压制了人们日常生活的多样性与丰富性，铲除了个体自然生长的动力，是一种自上而下的绝对权力控制力的体现。

从现代建筑以一种"救世主"的姿态倡导人人享有平等、均质化的绝对空间这样一个"应然"的理性乌托邦、功能主义城市，到今天环境决定论、低碳的科学技术乌托邦，在巨大的建设浪潮中急于为自我文化身份定位，标榜自己，极力迎合生态、文化等时尚趣味，这些自上而下的主观设定让处在"已然"状态下的平凡个体建立起一个强大清晰的观念世界。也就是说，人们被植入了一个本不属于自己的新意念，坠入了"应然"的梦境！

四、持续文化生命力的日渐彰显

现代风景园林的形式是当今讨论最多的话题，似乎总是逃脱不了对形式的模仿或反叛。对古典的批判发展成了现代，对现代的批评又发展成了后现代，后现代又包含了很多古典的复兴和新理性主义。有一句阿拉伯古谚语：万物害怕时间，时间害怕金字塔。也就是说只有时间才是检验风景园林文化生命力的唯一标准。

那些基于物候特征的农田、聚落等文化景观，是千百年来人们在土地上的生存活动所留下的印记，是个体生存经验适应性的体现。这种并不依靠外在形式的景观具有一种持续的文化生命力，能够适应人类社会的发展而不断地向前演进。在今天这样一个科学技术高度发达的社会，大多数人都认为，这种"低技术"的景观是如此美好且具有诗意，并将这种理想的景观作为人类诗意的栖居。

持续的文化生命力是将人化自然中自然生态向人文生态演进并作为一种有机生命组织形式的内在体现，是文化人类学中日常生活的支持程度，包括自然环境的可持续性、人类精神生活感知以及整个文化生态系统的健康、稳定。自然的人化是人与人之间、人与场所之间相互交织、相互促进过程，这种细枝末节的文化活力以及文化生活的多样性，使得风景园林中的文化生命力得以彰显，并带动周边地区复兴。

第三节　自然生态向人文生态演进的系统建构

人们如何介入自然取决于人们用什么样的眼光看待这个自然世界；人们看待自然的方式和眼光则取决于人们应用什么样的理论。也就是说，人类活动、人类的认知和自然规律三者构成了一个相互支撑的循环系统，相辅相成，缺一不可。

麦格哈格曾经说，所有的系统都渴望生存与成功，要想使系统运转良好，改善人类对自然世界的认知模式或许是最直接而有效的方法。

一、自然生态向人文生态演进的哲学基础

从中国传统文化的观点来看，"人化的自然与自然的人化"在哲学意义上其实就是对人与自然关系的一种认知。中国人强调的"人文的自然"指的就是自然与人文其本质上是相通的，这种人与自然同构合一的思想对于中国传统的风水文化以及环境营造有着深刻的影响。风水文化的哲学逻辑是在中国思辨哲学之上发展起来的，其中包含有朴素的有机整体观和人文自然观思想。这种人类内心深处和文化深处关于自然演化的一种知觉思维逐渐发展成了一套基于中国哲学的复杂解释体系。

风景园林中自然生态向人文生态演进理念是将自然物质属性的物体放入整个人文历史大背景下探讨的一种新思路，它联系了风景园林中被认为是隔离的两个层面（自然因素和文化因素）。中国传统文化背景中的"自然"概念，不仅包括西方强调自然本性存在的山川、河流、花草、鸟兽、聚落等万物，更深层次的内涵应该是先秦道家哲学范畴下的人文自然。例如：《老子》第二十五章中"人法地，地法天，天法道，道法自然"就是将"自然"与"人为"融为一体。无论是儒家、道家还是诸子百家，中国传统哲学思想都普遍认为，人作为自然中的一部分要顺应和效法自然之道，达到你中有我，我中有你，正所谓"无为而无所不为"。庄子则进一步反对"人的异化"，提出"天地与我并生，万物与我为一"。人应当复归自然，倚自然赋予人的本性生存，人的意义和价值在于任情适性，不刻意地追求实现什么，却能获得自我身心的绝对自由与无限。

中国传统园林是自然与文化的高度融合，它源于生活，而高于生活。"源于生活"指的是世俗化的日常生活体验，体现了一种实用性的、朴素的自然观；而"高于生活"是关于自然的文化认知，这种自然的人化也就

是寻求合乎自然之道的理想栖居模式，并追求一种人与自然达到完美和谐的最高艺术理想。由此可以看出，中国哲学的解释体系虽然来源于早期人类对自然的一种文化认知模式，但发展到后来，成为一个包含人、自然、天地等万事万物的大系统。

与此同时，西方文明在人类社会的早期与中国一样都将大自然赋予神的力量，对于"Nature"一词的原始含义和"Culture"的内涵认识上同样存在某种共通性，它通常被解释为某一事物或行为的合而为一或本源（Source），他们认为每一个现实的自然场所都有着自己的神。与近代社会将自然作为人类利用的工具和资源不同的是，先民在自然生态经验方面也表现出一定的文化适应性，把人自身的所有活动都看作自然显现的一部分，并以追求对自然本性的符合为最高目的。因此，西方早期人化自然的理想状态与当时的自然主义哲学、人与自然原始统一是一致的。

从现代哲学的眼光看，西方哲学传统将人与自然看成一种外在的关系，人独立于自然之外，主体（人）与客体（自然）在一种潜在分离的条件下，以种种关系（认识、实践、价值、审美、宗教等）来加以连接。大约在公元前800年，西方社会受到地中海希腊文明这种强大控制力的影响，其哲学思想开始主张征服自然并试图与自然相抗衡，以展现出人类伟大的创造力和永恒的思想理念。杰弗里·杰里科将这种思想描述为一种"有序性与旷野自然之间的对比式的和谐，也即一种'帝国本性'"。特别是在后来西方社会伟大的工业革命时期，使得人们对于人与自然的二元对立达到了一个历史顶峰。近年来，人类在"战胜"自然的同时，受到了自然的无情报复，西方人逐渐意识到，传统的西方哲学思想以及自然、文化观念必将发生深刻变革，人类要想在这个地球上持续生存下去就必须与自然和谐相处。

从某种意义上说，当前人们倡导的所谓遵循自然的文化理念与早期人类被动地适应自然的生存经验，其本质内涵上都是一样的，其目的都是要创造理想的生存环境，并且能够进行持续的繁衍生息。除此之外，马克思也从哲学层面提出了"自然的人化"的概念，认为自然在实践的过程中逐渐演化为属人的存在。人在改造环境的同时，环境同样也在塑造人，文化的生成与演进有着深刻的自然物质形态支撑，而这种文化价值观的理念又反过来指导着人们的日常生活与体验，最终发展成为一种哲学的世界观和方法论。

二、自然生态向人文生态演进的多重研究视野

风景园林作为一种复杂的自然—文化生态系统相互作用的综合体，不能被局限于单一的功能主义、物质空间形态或生态系统理论来探讨，而是要将其纳入一个更为广阔的多维度视野中研究其发展与演变。随着人类介入自然、干预自然能力的越来越强，被人类所改变的自然生态系统早已达到了全球自然生态尺度。人类与自然之间存在着深层的演化关系，这就需要人们从多重视角全面分析当前自然生态、文化、社会、城市等所处状态中的困境，并试图构建出一种地理环境、生物、人类共同持续发展的文化演进理念。

（一）自然演替进程的生态学视野

风景园林作为一个综合概念，是地球表层自然、生物和人类因素的相互作用形成的复合生态系统。该生态系统不是生物和环境以及生物和各种群之间长期相互作用形成的统一整体，主要研究生产者、消费者和环境三者之间的相互关系。而基于景观生态系统的自然文化演进是研究地表各自要素之间以及与人类之间相互作用、相互制约所构成的统一整体，包括：自然要素、社会经济要素相互作用、相互联系，以及大气、岩石、水体、植物、动物和人类之间的物质迁移和能量转换，土地的优化利用和保护等。这些自然区域都可根据其组成要素的结构、功能及分布特点划分出斑块、廊道和基质。基于景观生态的自然文化演进机制，必须系统地考虑场地及其周边区域的自然运转情况，将其纳入众多斑块、廊道、基质组成

的复杂系统，对这些空间单元的结构、功能、形态、分布等情况做出科学合理地评价。

传统生态学的观点认为，自然生态系统是生态等级体系中的最高组织水平，它居于生命有机体、种群、群落之上，这种观点将人类作为自然生态系统的外部因素来对待。近些年来，景观生态学的发展使得自然生态演替进程更多地考虑了人类的需求，人们对自然演替过程的管理也使自然演替进程逐步向着一种文化生态的方向演进。因此，基于生态系统服务导向的自然演替进程管理正是当前景观生态学研究所关注的焦点之一。作为一项复杂的研究，自然演替进程的管理不仅仅取决于生态系统的自然特征，也取决于社会经济条件，其生态功能和景观各要素之间的不可分割性、相互依赖性需要人们对此开展多学科、多领域的交流与合作。

文化人类学主要研究人类文化的起源和演进过程，通过分析不同地域的社会—文化现象，理解各个历史时期人们的日常生活和文化世界。美国学者乔治·马克思（George Marcus）认为，人类学者不仅要拯救那些独特的文化与生活方式，使之幸免于激烈的全球化侵蚀，还要通过描写异文化来反省自己的文化模式。基于文化人类学的视角来理解风景园林中自然、文化生态系统的演进，能够深入挖掘风景园林的文化意义，揭示其本质。

（二）自然人文演进的文化人类学视野

文化生态系统演进与自然生态系统、物质系统演化一样，都是在一般的系统理论下从混沌到有序、从低级到高级进行演进，物质系统、生命系统和文化系统逐渐走向整体统一。拉斯洛（Laszlo）将这种基于系统论下的包含宇宙、地理、生物和文化等一切可能因素之协同演化称为整体演进。它是一个不连续的发展进程，在文化演进过程中，人类社会经历了从原始社会石器时代的食物采摘、收集到狩猎，再到越来越先进的农业和工业时期、后工业时期，最终在信息化时代到达顶峰。因此，基于文化人类学视野下的自然生态向人文生态演进，有助于把握自然文化发展与演进的本质内涵，文化演进历程基本就是一部人类社会发展史。

因此，基于文化人类学视角探讨风景园林的文化内涵以及人们的日常生活体验，具有重要的现实意义。对风景园林在人类社会中的角色进行重新定位，有利于将自然生态环境与人类文化的发展紧密联系起来，这种人、自然与社会之间的互动促使风景园林中自然的物质形态转向一种人文的自然理念。

三、自然生态与人文生态关系的建构

（一）自然生态的人文拓展

风景园林中自然生态向人文生态演进的理念是在处理人类系统和自然系统这两者关系时提出来的。人不是孤立存在的自然人，而是社会系统中的人，体现了丰富的文化内涵。在这个文化生态与支撑整个社会运转的自然物质系统中，和谐与矛盾共生，并向着一种"人文的自然"持续地演进。

1. 自然生态层面

自然物质形态是风景园林文化体系的表层景象，它是指人们可以直观感知的自然存在和人工物质环境，如山川、草木、鱼鸟等物质形态的客观世界。对于自然物质层面的理解，不同文化背景下有着截然不同的论述。在以儒、道两家思想互补为主流的中国传统文化中，"自然"蕴含三层意义：一为"天地自然"，指的是自然物质世界中各依其自然本性而存在的天地、山川、鸟兽、草木等万物，这与西方文化中的 Nature 意义相近；二为"自然而然"，是指世界万有的自然存在，即完善的存在，一切听任自然，反对改变自然本性的人为干预，与 Natural 相近；三为"人文的自然"，与 Humanized Nature 相近，这一层意义在中西文化交流方面表现得大不相同。中国传统文化赞美大自然生生不息的无限生机以及它在时间和空间上的永恒宏阔，一直坚信并宣扬日月星辰、山岳大川、风云雷电、雨雪冰霜等自然物和自然现象背后都有神灵存在。传统文化倡导顺应自然的同时剔除其中的不宜人因素。西方社会心目中的蛮荒自然更多被视为一种客观实体，人类理所应当地高于自然，完全能够认识、改造并且征服自然。

2. 人文生态层面

广义的文化是人类社会活动所创造出的物质文明和精神文明的总和。而风景园林文化作为自然与人类智慧的有形结合点，是人类对所处环境不断适应、改造的积淀。社会学家、人类学家、地理学家、哲学家对此都有着各自的界定与描述，但总体上来说基本可以归纳为："文化是社会传播的行为模式、宗教、制度、艺术、信仰和其他一切人类智慧、劳作的产物，是一定区域范围内群体特征的总和。"其本质上是人类区别于其他动物"符号化"思维能力的结果。人们说一种具有自然属性的物品，如果和人类的创造性劳动联系在一起，也就演变为一种具有文化属性的物品。比如，石头只是一种具有自然属性的物体，原本并不具备文化的特征，但经过人们的创造性劳动之后，变成了一座假山或雕塑，其文化属性逐渐超越了其自然属性，人们将这座假山或雕塑视为一件具有文化价值的艺术品，而不是"岩石＋雕刻技法"。

中国传统文化背景下的艺术形态，通常是以一种超脱于物质形态的精神理想世界来表达人的内心对自然的感知。古代文人艺术家对大自然的切实感受与体验成为古代绘画艺术的主要灵感来源。与西方写实主义绘画强调逼真的画面形式不同，中国绘画艺术描述的是一种人文的自然观，如："近景处，四周禾苗葱郁，竹柳青青，几个老翁酒酣归来，手舞足蹈，且歌且行，滑稽的举止惹得妇人幼童驻足回顾。远景处，山石陡峭突兀，如刀削斧砍一般，天边朝霞一抹，山谷里松柏茂密，楼阁隐现。"

古代，人们这种人格心灵的外化使原本自然属性的物质世界转换成具有厚重文化属性的精神世界。从这个意义上说，人类干预过的所有地质地貌、河湖水系、动植物生命等自然景观都可成为风景园林文化的一部分，而且其文化内涵更具风景园林的内涵。

人们对自然物质形态层面的景观不断进行着有意识的加工、整理、改造，使得众多名山大川成为文化遗产。这些自然景观在不同时期受到不同地区人们的持续关注，它以山川、草木、鱼鸟等物质世界为依托，在一种特定的意识形态下创造出具有鲜明地方文化特征的自然、文化生态系统，并长期影响着人们的日常生活、文化价值观念以及其他活动行为。在这种人为介入的自然生态演进中，不断变迁着的文化形态逐步取代了原有自然景观的物理演变和生物进化过程。自然物质形态的景象受到人们有意识活动的干预，其自然属性逐渐转化成一种文化属性，形成了一种广义上的文化概念，即"人文的自然"。它是对当时人们日常生活景象最直观、最生动、最形象地呈现。

3. 自然生态向人文生态演进

在人类出现以前，单纯的自然景象是不可能具有其文化属性的，而自从人类开始生存活动并谋求发展以后，自然在认识论层次上则具有了其新的含义。这种物质形态的自然逐渐就构筑了一个支撑文化形态的物质实体，是人类日常生活和生存体验的基础，又是指向一种社会认知的景观形态。

传统农业社会下，人类有意识的劳作与生存经验就是将具有物质形态的自然景观演化成具有社会属性的文化景观，且同时具有自然、文化双重属性。这种传统的以人类生产、生活实用性为前提的自然生态向人文生态演进理念是将第一自然转化成为第二自然。然而，在古代社会，文明发展到一定的程度之后，一些风景园林便逐渐脱离其实用性价值体系，而转向一种理想精神的追求——审美体验，成为一种美学的自然，也可称为第三自然，这同样是一种自然的人化过程。与之前不同的是，这次不仅仅实现了自然生态向人文生态演进的理念，而且也促使其文化认知和体验向着另外一个层次演进，这是在社会发展的推动下普遍的历史进程。在这个阶段，中西方国家在自然景观中所表现出来的文化形态虽然有所不同，但这些存在地域性差异的人文自然，其本质内涵都是一样的，都是基于不同历史时期和地理条件下的人类生产、生活体验所感知出来的理想状态。然而，自从工业化之后，原有多样化的自然生命支持系统的生态稳定性以及文化演进过程被现代化技术手段打破，在这自然文化面临严重退化的情况下，出现了一种新的人类文化认知模式，即第四自然。这种新的文化认知模式将有助于扭转当前自然生态环境的恶化和地域文化价值的缺失，并试图在自然—文化—技术之间取得一定的平衡，使其向着可持续的自然文化演进方面前进。在这个过程中，人类技术的进步被有选择性地应用于自然文化景观，并驱动它向一种理想的人文生态演进。同时，后现代文化的发展和信息化技术的迅速革新也为未来社会文化的持续演进提供了良好条件，它也许可以被看成人类文明继农业和工业革命之后掀起的第三次全球化浪潮，将在人类和自然之间建立一种新型的后工业化时代合作关系。这正如美国文化人类学家斯图尔德提出的，人类在适应不同自然环境时，社会文化系统也呈现出多样性，生态环境的差异直接造就了不同的文化形态和发展线索。

从第一自然、第二自然、第三自然过渡到最近几十年才兴起的第四自然，人类社会的发展演变直接或间接地影响着风景园林中自然与文化之间的关系。今天，人们从传统文化和现代城市文化角度来理解自然、乡村、城市的经验，并寻找其文化价值观的差异性，以此来寻找解决当前风景园林发展问题的方法。同时，基于这不同时期的两种文化价值观，又将孕育出一种新的文化理念。因此，自然生态向人文生态演进并不像人们想象中的那样，到了一定的程度就会停止，当自然被人类有意识的活动进行"人化"了之后，它并没有停止演化，而是继续跃迁到一个新的层次。也就是说，自然生态向人文生态演进的同时，人文生态本身也随着社会进化而在不断演进，其中包括人类对自然生态、空间的认知、生活体验以及改造等。

（二）自然生态向人文生态演进的等级层次体系

风景园林作为一个多尺度、多学科融合的领域，其自然生态向人文生态演进也同样存在着一定的等级层次体系。作为混合的自然、文化交互系统的自然生态向人文生态演进过程，涉及场地中所有有机体（包括人类）及其种群、群落和生态系统的生境和基质，这些尺度、功能和空间范围必须以它们自己的规则来进行研究和管理。它们的范围可从作为最小绘图单元的生态区延伸到作为最大的全球整体人类生态系统的文化生态圈。有时在大尺度下的宏观文化生态系统演进在某个单一局部则表现不是很明显；反之，较小尺度场地中的自然生态向人文生态演进在大尺度范围来看同样变化甚微。在这里，人们可以借鉴希腊学者道萨迪亚斯（C.A.Doxiadis）社区的等级层次体系理论，自然生态向文化生态演进也可以根据研究者的研究范围和尺度而变化，文化生态系统的演进是场地或区域内社会、文化、经济、自然地理、气候等多种因素综合作用的结果。

根据生态学的等级理论，每一个较高等级水平的系统包含了多个较低等级层次的系统。无论是自然生命系统还是文化社会系统，它们都不可能出现绝对意义上的部分和整体。随着自然文化演进的复杂性日益增加，其处于中间结构的等级层次既是其低等级层次系统的整体，也是其更高等级层次系统的组成部分。正如德国的格雷布和奥地利提的施密特提出的文化圈的概念一样，它是一个多样统一的、生机勃勃的文化有机体，内部分布着一些彼此相关的亚系统和文化群丛。在任何自然系统和文化系统的等级组织中，每一个更高等级层次的系统都获得了新的特征，因而比其较低等级层次的亚系统更为复杂。

1. 整体人类生态系统尺度

整体人类生态系统尺度是一种最高的等级层次体系，包括由人类改造和管理的文化半自然景观和农业景观，以及那些直接或间接地受到人类影响而急剧减少的自然和近自然景观，它们的演化历程取决于人类有意识的干预活动。因此，人类及其文化社会是建立在自然生态系统观念基础之上的。根据早期倡导整体性的著名生态学家弗兰克·艾格勒（Frank Egler）的观点，人们将这个最高等级层次体系称为整体人类生态系统，人类及其环境整体被认为是地球上最高等级的协调进化的自然文化实体。

2. 区域景观文化生态圈尺度

区域景观文化生态圈尺度是位于多个生态系统之上的自然文化生态系统。它是某一特定的社会群体所共有的一种自然文化价值体系、思维模式和生活方式。类似于德国格雷布和奥地利施密特创立的"文化圈"理论，它不是一个单一的文化体，而是一个多元统一的综合概念。这样一个区域自然尺度下的文化形成是宏观自然的人化结果，是一种具有独特区域特色的自然生态向人文生态的演进过程，它在不同气候带、流域生态系统等自然环境条件下表现出具有地域属性的整体物候特征，如珠江三角洲地区的基塘系统、太湖流域的农业生态系统、云南的梯田系统等，它们都是在局部地区的自然生态环境影响下的人类有意识活动的结果。这些景观文化生态圈的形成，是当地社会、经济、政治、文化以及自然地理、气候等诸多因素综合作用的结果，是一种典型的区域尺度等级层次体系下的自然生态向人文生态演进的文化表现，具有持久而旺盛的生命力。

3. 城市景观文化生态丛尺度

城市景观文化生态丛尺度是指与城市和地区的发展密切相关的景观等级或范围。例如：杭州西湖是在古代大型聚落发展而来的城市景观生态尺度下的自然生态向人文生态演进的结果。西湖作为人化自然经过千百年来的发展，其文化属性已远远超越了其自然属性，自然生态在城市等级层次下向文化生态演进，一方面自然生态系统得到很好保护，另一方面西湖随着时间的推移形成了其独特的文化内涵，也促进了周边区域特别是杭州市的发展。

4. 场地景观文化生态区尺度

场地景观文化生态区尺度一般指单一场所或空间单元所具有的独特文化特征。生态区主要是被欧洲景观生态学家采用的一个较为严格定义的概念，与人们通常理解的"斑块"不同，它被认为是某生态系统的真实立地，如小尺度废弃地景观。

（三）自然生态和人文生态之间的关联与互动

自然生态向人文生态演进起源于人类有意识地把自己与动物相区分的努力，只有对文化的创造、传承与追求才能将自己从自然的物种形态中脱离出来，提升为社会的主体。挪威著名建筑理论家克里斯蒂安·诺伯格-舒尔茨在其著作《西方建筑中的意义》中指出，建筑不仅是满足人类实际需求的物质，也是一种文化活动。它具有比人类实际的物质需要和经济建造更大的作用，并通过自然物质的构成把这种人的存在含义转变为各种时空场所和文化形态。

柏拉图及其先验哲学和以笛卡尔坐标系为平台的空间定位系统逐渐受到批判，他们所倡导的客观、抽象的绝对空间具有其物质局限性，无法感知自然物质形态的文化内涵。和笛卡尔不同，胡塞尔和莫里斯·梅洛-庞蒂的现象学方法和海德格尔的存在主义哲学为自然生态向人文生态演进理念提供了坚实的哲学基础，它揭示了人们的存在和自然环境之间的根本联系，是一种通过人们的身体去行动、感知和存在的生活体验。

马丁·海德格尔（Martin Heidegger）的栖居思想告诉人们：此在的

栖居是人的心灵安定之根本，其本源意义可追溯到存在，而场地则是将人的体验与特定地点之间的内在关系、引导并外化出来的一种自然环境。也就是他所强调的天、地、人、神四位一体的安居。而胡塞尔的现象学也越来越受到人们的重视，他主张：回到事物（实）本身，抛开抽象先验的理论模式，直接体验。风景园林中自然生态向人文生态演进的过程可以理解为人类所经历的日常生活世界的一部分，它是未经先验科学和哲学思想而完全来自单个个体生存经验的集中展现。自然与文化生态系统的演进过程不仅是意义的载体，也是意义的发生体。这就是为什么说历史中的文化景观是在人们使用的过程中体现其文化属性。从人文景观中去体验和参与具有瞬时变化的特征，这种体验和参与是最真实的、最原真的文化。因此，自然生态和人文生态之间存在着某种关联性与互动性，其自然形态一方面启发人的感知并形成一定的文化价值观，另一方面社会文化价值观的演变又反过来指导着人们采取不同介入自然的方式。

（四）基于复杂系统论的自然生态向人文生态演进

系统是由若干相互作用和相互依赖的组成部分结合而成的、具有特定功能的有机整体。人们可以从以下五个层面来理解系统：

（1）系统内部各个部分之间的联系广泛而紧密，并构成一个网络，其中某一局部的变化都与其他组分之间相互关联，并引起整个系统发生转变。

（2）系统具有多等级、多功能的组成形式，每一等级均成为构筑其上一等级的组分，这种等级层次的划分也有助于系统多重功能的实现。

（3）在系统的演变过程中，能够不断地吸收并对其内部等级结构和功能结构进行重新组合并完善。

（4）系统是一个开放的体系，它与周边的环境有密切的互动关联性，它们之间的相互作用促使其向良好的环境适应性方向演进。

（5）系统本身具备一种动态的发展演变框架，持续地处于发展变化之中，并对未来有一定的预测能力。

基于系统论的视角来理解自然生态与人文生态之间的复杂关系，能够避免以往仅仅关注物质形态的惯常性思维——只要将自然物质形态的景象加入一些历史文化元素符号就可以了。20世纪60年代，系统哲学为当地风景园林的发展提供了一种全新的视角，特别是在扭转工业革命时期的自然、文化二元论的观点起到了重要的作用。

文化景观的历史告诉人们，正是有了人类活动的干预，才呈现出多姿多彩的景观。风景园林中的自然生态向人文生态演进是自然与文化两者相互作用而形成的一种动态关系。如果这个过程中某种局部力量（自然环境条件或社会文化背景）发生了改变，其整个系统也将面临演化，整体系统并不意味着就一定占用着绝对的中性支配地位，它是一个相互接受和反馈的过程。自然系统和人类系统就是这样一个作用和反作用的综合体，这两个系统之间功能的交叠与复合形成了多样性的文化景观。

"复杂范式"的创立者埃德加·莫兰（Edgar Morin）认为，事物的整体性只是一个方面，而复杂性是普遍存在的，人们难以对生活中具体的现实对象做出简单的概括，它们都是极为复杂的系统。特别是史蒂芬·霍金的《时间简史》在当时引起了巨大轰动，众多学者开始转向复杂性科学。该理论被查尔斯·詹克斯（Charles Jencks）看作解释当代社会现象的最佳依据，大家普遍觉得这种相对复杂并更容易看懂的形式或图像具有一种特殊的魅力，因为它们神奇而美丽。

风景园林作为一个开放的复杂巨系统，其自然生态向人文生态演进是场地或区域内社会、文化、经济、自然地理、气候等多种因素综合作用的结果。人们面临的种种问题只能是在当前所处的状态下寻求解决的方法，历史上某个阶段出现的问题的解答不可能是一劳永逸的，其自然环境、社会背景的不同将导致这个复杂系统的各种基本要素发生改变，其相互作用的方式也就会出现明显差异。因此，人们需要对出现的具体现实问题进行分析观察，以做出新的调整。这并不是要否认过去，而是要强调复杂系统的开放性和即时性，每一次人与自然的互动、演进都伴随着新的要素不断加入，其内部结构的平衡都会被打破与重建，并越来越趋向于一种复杂的平衡。

与此同时，亚历山大（C.Alexander）在他的《城市并非树形》一书中就指出，那些由设计师和规划师精心创建的城市呈现出一种明显的树形结构，现代主义之所以会不成功，是因为其内在结构缺乏自然系统的复杂性和开放性。此外，亚历山大将那些经历了漫长岁月自然生长起来的城市称为"自然城市"，它是以一种复杂的半网络形式组成的非理性状态。亚历山大在这里其实并不是要赞美自然系统的完美无缺，而是要强调这种自然状态下的非线性复杂系统的重要性。这正是为什么那些试图在组织形态上模仿自然城市的形态布局而同样走向失败，因为形态并不是关键，而开放的复杂性系统才是其本质所在。

四、自然生态向人文生态演进的机制

回溯历史文化景观的发展与演变历程，基本上就是一个人类认识自然、改造自然、形成人类社会并向前演进的过程。人类在面对形态各异的自然地理、生物气候等自然生态系统的制约之下，就没有停止过与之抗争并试图改造自然，使其成为更适合人类生存的场所，这种场所发展到了一定阶段便产生了城市。因此，人类在漫长的繁衍生息过程中，最开始在自然中利用自然地形、水文、植被等自然物质形态寻求庇护、食物等，生态适应性生存经验发展成为一种择地营居的栖居、生产等社会文化活动，最后由这种小型聚落发展成为一种大型的或超大型的城市。这三个阶段都是在人类发展到一定阶段后才出现的，同时，它们也反映了自然生态向人文生态演进的三个不同层面。基于人类需求的生态系统服务导向反映出人类对自然系统的认知与利用；社会文化发生与演进则是对人类生存经验的深刻理解与转换，它反映的是一种文化价值观；融合区域与城市发展则反映的是将其视为一种寻求社会发展的途径或新角色。

人类从寻求庇荫、栖居到农耕、渔猎、防洪蓄涝、营造微气候、补充地下水、浚治水体，再到保护动植物栖息地、废弃地更新、生态恢复、绿色基础设施等一系列演进策略、机制与方法，是在社会、经济、技术、文化、生态等多种因素综合作用下发生的。因此，自然生态环境的演化、文化的变迁与人类社会的发展一直在促使着自然生态向人文生态演进，形成和积累了一系列发生机制。

（一）生态系统服务导向机制

支撑社会文化形态的物质环境不仅是自然生态系统发挥其功能的基础，更是人文环境持续保持活力的根本保障，它包括地形地貌、气候、土壤、水文、动植物等。而关于自然系统的调节机制、运行原理，在很大程度上取决于人类对自然进程的认知与管理，例如：自然生态系统进化、原始荒野的文化认知与保护、土地资源保护与开发、生物多样性的保护、城市生态系统的持续发展等。

风景园林中自然生态向人文生态演进首先要理顺其生态系统内各种要素之间的关系，推动和调节风景园林内部各自然和人工要素发挥其应有价值。全面提升与改善自然服务和生态系统服务应该成为风景园林中自然生态向人文生态演进的前提，它包括：雨洪调蓄、地下水的补充、盐碱地的改善等调节功能；动植物栖息地、维护生物多样性、维持自然演进的生物群落等生命支持服务；食物、水、能源的生产性服务；人们审美和启智、教育的文化服务。这种基于人类需求的生态系统服务导向机制，在利用科学理性的方法进行综合分析的基础之上研究景观动态演替、相互作用和自我更新，为解决全球生态环境危机、环境伦理和文化价值观问题提供了一条新思路。

一般来说，景观生态系统组成要素可以按 ABC（abiotic, biotic, culture）划分：A 指非生物要素，包括自然条件，如气候、水文、地质、地貌、土壤，自然资源，如太阳辐射、水、土地、岩矿；B 指自然植物和动物，如林地、草地、动物及其栖息地；C 指文化资源要素，主要指人类本身及其活动产物。

（二）社会文化发生与演进机制

人类在自然生态向人文生态演进过程中，为了满足某种需要而利用自然物质，在自然形态的景观之上叠加人类活动，因此具有了文化属性，并演进成为一种具有文化属性的景观。这也是人类漫长历史文化发生于演进的最原初机制。因此，自然生态向人文生态持续演进的动力机制除了需要自然物质形态的支撑系统，还必须依靠人类社会创造能力的支持程度，即人类对环境的文化感知、辨识、交流、传播并指导人类实践的能力。

风景园林中社会文化属性的发生是人们按照自己理想环境中共有的模式或价值观念而改造形成的。拉普卜特在《文化特性与建筑设计》一书中指出："文化景观是无法被人们直接'设计'或'创造'出来的，而只能是在一个漫长的历史岁月里，集体无意识地生活体验和无数干预自然的决策而累积起来的文化产物。"这种通过个体体验所积累起来的人文的自然才具有文化遗产的属性，并具有强烈的可识别性和地域文化特征。

当今关于风景园林学科的理论研究与实践探索其本质上指的是在不同尺度下的具有自然地理实体和文化风土区域的双重载体的景观形态，如流域、农田、荒地、聚落、城市等。它们在发展演变的过程中或多或少受人类活动的影响而成为迄今人类文化生态系统的重要组成部分。这些景观的形成与演化都蕴含了一种自然生态向人文生态演进的机制，是人们生活方式和价值观念相互作用的结果。人类历史上积累起来的对自然的认知形成了一整套稳定的观念意识，以及日常生活过程中的内心感知都对风景园林中自然生态向人文生态演进具有重要的指导作用，而且还发展出了一整套更深层次的哲学理论体系。人们在倡导自然环境的整体观念的同时，更为突出地强调了人类社会在文化的生成与演进中的作用，注重人地关系协调的世界观和方法论。

（三）融合区域与城市发展机制

城市作为人类社会发展到一定程度的产物，是在早期人类聚居过程中所形成聚落的基础上演变而来的。城市在很大程度上作为人们日常生活以及文化活动的物质空间，它不仅承载着多元文化背景下的人们生活方式，还要在自然生态系统和社会文化方面建立起物质、能量、文化等交流、发展和演变的平台。

城市本身是一个极为复杂的系统，而城市景观也因此受某一种因素主导控制，属于多种因素影响下的复杂综合体。通常来说，绝大多数城市中自然生态向人文生态演进的主导控制因素来自人类活动的干扰。城市作为一个以人类为主体的生态系统，是人类活动高度聚集的区域，由原来与自然融合良好的村庄与聚落被无限放大的超级社区组成。城市中的自然文化景观受城市环境的影响，表现出与其他类型景观截然不同的特征：

（1）城市的快速发展必然导致人口、物质、经济、科技、信息和建筑等社会资源的聚集，相对来说，自然资源就会受到极大的限制，进而导致自然文化生态系统的退化。

（2）城市生态系统与自然生态系统有着明显的界限，并相互对立，是一个相对封闭的人工生态体系，大多数物质和能量的交换都需要人的参与和管理。

（3）城市中的自然生态区域通常都非常脆弱，特别是在一些工业用地和垃圾填埋地，其自然生态系统结构已彻底解体，完全丧失了生态系统自我调节、修复与抵抗外界干扰的能力。

因此，城市建成区域的自然文化演进需要人工调节以增强其反馈机制。城市景观中的自然生态向人文生态演进必须兼顾自然生态、社会文化、经济发展等多个方面，充分融合科学技术和人类文化活动，引导一种持续演进并充满活力的自然—城市—文化综合体。

第四节　融合区域与城市发展的自然生态向人文生态演进

　　城市或许是人类营造的最为庞大而复杂的作品之一。它作为一个活的有机体，通常都超出了人们力所能及的范围而生长着，从来没有完成，更没有确切的形态，就像一个没有终点的旅程。城市的演化可能上升到伟大的程度，也可能沦落到消亡的境地。城市景观是历史与文化的物化形态，是人类智慧的集中体现。如果没有恰当的规划和管理，则会成为社会弊病的容垢之所。正如路易斯·芒福德（Lewis Munford）在《城市文化》（*The Culture of Cities*）书中所说，"在区域范围内保持一个绿化环境，这对城市文化来说是极为重要的。一旦这个环境被损坏、被掠夺、被消灭，那么城市也就随之而衰退，因为这两者的关系是共存共亡的。重新占领这片绿色环境，使其重新美化、充满生机，并使之成为一个平衡的社会生活的重要价值源泉"。①

　　实践证明，良好的风景园林建设有助于提升城市等级，特别是在扭转城市中心地区和边缘区域的衰败，加速城市更新与再生等方面具有非常大的潜力。从奥姆斯特德的纽约中央公园，到彼得·拉茨的杜伊斯堡北部公园，再到慕尼黑里姆（Riem）新区和刚建成的高线公园，设计师将自然过程引入更为复杂的城市过程，大大拓展了风景园林的研究领域，逐渐成为一种引导城市衰败地区复兴，推动旅游发展，促进城市新区建设，完善绿色开放空间的新途径。它们在城市中的社会角色已经发生了巨大转变，并发挥着不可估量的作用。

---

　　① 芒福德. 城市文化 [M]. 宋俊岭，李翔宁，周鸣浩，译. 郑时龄，校. 北京：中国建筑工业出版社，2012：45.

一、自然—城市—文化的综合演进

随着城市化进程的加速，世界上大多数人都将生活在城市及周边城镇。一个充满活力的城市在当代社会发展过程中显得日益重要。城市景观中，自然生态系统以及文化系统不仅要顺应当代城市发展的需求，更要在社会、科学、艺术、经济等诸多因素之间寻求平衡，在符合科学和生态原则的同时，也承担了振兴区域经济、复兴城市文化的重任。原来自然和文化作为城市中两个独立层面的演变过程到今天"自然—城市—文化"的综合演进模式，密切交错的各种基础设施（如林地、住宅、工业、娱乐、商业、水域、农田）组合成一种具有生产功能的"混杂的地景"（Hybrid Landscape）。它被认为能够组织复杂的城市地段、生态系统和设施。

（一）从构成形式到运作过程的概念转换

城市是一个自然系统和社会系统融合高速运转的综合体。一个运转良好的城市既有健康、进化的自然生态系统，也散发着浓郁的人文生活气息。因此，那种单纯追求城市绿地面积以及单一进行城市功能分区无法满足当前复杂城市形态下的运作要求。

相比传统的农耕社会，近现代社会受工业革命的影响，其社会变革往往急剧而又彻底。西方社会文明下的人与自然二元对立的神话在一次次科技革命过程中达到了顶峰，特别是在现代主义建筑、功能主义城市中表现尤为突出。在风景园林领域，由芒福德·罗宾逊（Mulford Robinson）于 1903 年提出的"城市美化"思想在一定程度上继承了以上思想，其直接来源于 1893 年美国芝加哥世界博览会。其中，著名的本杰明·富兰克林花园大道就是在这种思想下产生的。它在当时对美国城市整体空间形象的塑造具有一定的积极意义。但随着社会的发展，城市问题变得越来越复杂，特别是社会文化发生了巨大变革，这种单一的追求城市形象的规划思想在美国就兴盛了十几年，之后很快就被历史淘汰了，取而代之的是更为复杂的、基于生态美学的城市复兴理论。

回溯人类社会的变迁与发展历史，城市的物质形态及其内部运作方式与社会的发展和技术的进步基本吻合，不同时代城市特征的演进反映了各个历史时期人类改造社会的能力及社会文化价值观的转变历程。随着科学技术的迅速发展，当代社会的价值观发生了深刻变革，这导致其城市发展形态也呈现出完全不同的运作模式。

农业时代的城市主要是通过人类的直观感知来获取相关经验，其构成形式主要来源于自身的劳作体验，是当地人类活动过程中自然流露出的文化痕迹；在工业时代，城市以规模化机器大生产为主导，这种机械的理性主义去除了人的感知体验，导致地方文化被单一化、绝对化和理想化；而在信息化时代，信息技术、生态技术使得人类社会转向了一种更为现实的后现代文化价值观，重新以人的体验取代机器的生产，兼顾城市发展中的多种因素，并建立起一种科学的（scientific）、经验主义的（empirical）和启发式的（heuristic）操作系统和运作方式。

传统城市景观的营造往往受制于所谓"形式"的意图，大量工程只为了精美的形式和审美的趣味。然而，当代景观被理解为城市中众多生产实体之一，它与其他城市设施一样，承载着大量人类活动和城市事件。原来自然物质形态的表达逐渐演变为一种引导事件的发生与管理策略的过程，并以此推动自然—城市—文化的综合演进。因此，人们无法对这种城市景观进行简单的形式归类或描述，只能用"它运作起来怎样"来取代原有"看起来怎样"的评判方式。这种新的理解方式将景观作为城市多种生产过程中的一种，并以此来实现区域与城市复兴。

雷姆·库哈斯（Rem Koolhaas）对当今大都市区目前所处的状态有着独到的看法，他将城市解读为一种单纯的"景"，认为建筑、城市、基础设施和景观都是无差别的综合体。与传统景观作为描述性的审美理想相比，它不是各种形式的美学综合，而是形式背后的运作过程和介入社会的工具，通过物质生产模式来展现社会和政治结构。因此，原来作为审美表现的景观客体演变成一种作为生产系统的景观。同时，詹姆斯·科纳（James Comer）认为，景观不是一个形式美的东西，而应强调景观体验和连续变化的进程，人们的工作就是以最简单的手段实现复杂的转变。风景园林作为一种栖居的环境，其文化内涵是通过长期的接触、使用和参与而获得。人们不是去创造一种有怀旧主义情结的景观，既不提倡人类重新回到农耕生活，也不主张功能主义，而是主张一种通过参与和使用随时间逐渐体验的亲密感的回归。

（二）作为引导区域与城市复兴的触媒

城市触媒是由美国城市设计师韦恩·奥托（Wayne Otto）和唐·洛干（Donn Logan）在 20 世纪末提出的有关引导城市开发的城市设计理论，指的是结合城市发展的过程性，提出一种激发和引导城市活力的建设策略。当前，大多数城市风景园林开发项目只是为了增加绿地面积或建设新社区，而对于自然生态网络、城市开放空间布局、社区文化生活品质以及形成新的经济增长点却没有充分考虑。城市触媒是将风景园林中自然文化演进作为激发和创造富有活力区域与城市的催化剂，例如改善场地周边的自然要素，积极地复兴旧城，维护原有的文化特征与可识别性、整合城市绿色空间等。

从区域与城市土地使用的角度来观察，那些保护城市周边乡村聚落、多产的农业生态系统、野生动植物的栖息地和生物多样性的措施，在限制城市无序蔓延、防止快速城市化进程带来的自然文化生态系统退化方面已取得了显著成效。这种限制可以通过有效的自然文化生态演进和填入式开发到实现。芝加哥和许多其他大都市的实践已经证明，城市景观的自然文化演进在复兴老城市社区以及利用城市周边废弃场地建设新城市聚居点的过程中，不仅可以改善城市人工环境，而且还能够作为一种刺激地区经济发展、提升城市生活文化的手段。美国生物学家爱德华·威尔森（Wilson Osborne Edward）同样认为："对于自然文化遗产地保护的过程中，自然文化生态演进将能够扭转快速城镇化进程中的自然文化退化现象。即使在高度人工化的城市环境里，通过对林地、绿色廊道、河流、湖泊及其流域范围内的自然资源进行合理布局，仍然能够很好地恢复场地内自然生态系统的多样性。明智的景观设计不但能实现经济效益和美观，同时能很好地保护生物和自然。"

2009 年 5 月 13 日，詹姆斯·科纳在纽约现代艺术博物馆（MOMA）的一个讨论会上与迈克尔·范·瓦肯伯格（Michael van Valkenburgh）、乔治·哈格里夫斯（George Hargreaves）等当代先锋设计师对 21 世纪景观与城市设计发展趋势进行了探讨。在他看来，今天的大多数景观在城市中的角色主要体现在以下三个层面：

（1）生态层面：集合大尺度的景观，在城市区域尺度作为生态容器并连接成为具有复杂功能的生态系统，包括废弃地更新、植物修复、耕种城市土壤、雨洪管理，能源收集及为动植物提供栖息地等。

（2）社会层面：挖掘场地内独特的景观特征，提升文化景观的价值，同时引入 21 世纪新城市文化理念，为改善人们的身心健康提供绿色开放空间。

（3）经济层面：景观作为重要的经济驱动方式，能够为城市发展带来巨大的经济价值，特别是为周边地块的发展带来复兴与活力。

除了探讨当代城市景观，科纳也以景观驱动城市更新的视角来重新理解 19、20 世纪一些大尺度城市景观。奥姆斯特德（Olmsted）的纽约中央公园在设计的意图在于缓和曼哈顿冷漠的都市环境，然而，中央公园给周边区域所带来的不仅仅是环境的改善，它的成功在于：它作为区域发展的催化剂带动了周边房地产的开发，给当地带来难以衡量的社会、文化和经济效益。毫无疑问，中央公园是景观驱动了城市形成的典型案例。对于像波士顿"翡翠项链"这样的现代都市景观，除了它的美学价值和表现空间，科纳更为看重的是其作为生态环境和绿色廊道的功能，因为这样的绿色基础设施对城市居民健康和社会经济发展具有重要的意义：将景观作为一种大规模的环境改造和更新过程，在传统生态规划方法的基础上引入21世纪新的城市文化理念，探索与自然互动的、可持续的景观管理模式。

1. 区域与城市自然环境的平衡

自然生态系统在区域与城市发展过程中往往受到多方因素的制约，内部平衡遭到破坏，进而使风景园林中自然文化演化失衡。城市中的河流、湖泊、风景林地等绿色空间随着城市的扩展不断被挤压，最终丧失了自然的演进能力。相比城市建成区，将城市中的自然景观作为城市绿色开放空间具有自然资源的不可替代性。

当代城市由过去的工业化社会转向了信息化社会，现代社会那种以工业生产为主的城市空间布局随着后工业社会的到来逐渐走向衰败，城市中自然生态系统也转变为以人类生活服务为导向的城市文化生态系统。原有见缝插绿的城市绿地规划布局方式显然已经不能满足现有城市生活的需求。因此，城市自然物质形态向文化生态演进过程中融合区域与城市发展的格局以及整合现有城市中的自然资源，是对现有场地中生态结构的有机再生与延续，是实现区域与城市自然环境平衡的有效途径。

雷蒙德·昂翁（Raymond Unwin）在针对大伦敦区发展规划的研究中，根据城市人工建成区与城市绿色空间系统之间的布局模式归纳了四种城市的自然系统分布状况：A主要用于小尺度场地内的自然文化演进，目的是完善其周边绿色空间结构；B主要针对具有较大尺度的自然生态环境，适用于新城开发中的整体城市生态系统的构建；C主要是为了控制城市过度开发和大都市区的无序蔓延；D是一种相对折中的方式，将主城区周边卫星城相结合。这些模式都将缓解城市中因过度建设而导致的人文生态破坏，并以此作为绿色廊道的形式，将城市和自然有机联系起来。特别是城市中现有的硬化河道、湖泊等滨水空间的自然生态系统修复，对城市环境的平衡具有非常重要的意义，水域空间能够较好地形成生物群落。水生植物的净化、林地的微气候调节在吸引市民活动、增强地区活力方面发挥着重要作用。

2. 区域与城市文化生活品质的提升

城市景观中自然生态向人文生态演进不只是处理支撑城市文化形态物质环境改善的问题，而是关系到自然生态环境、城市空间、人三者共同组成的一个复杂的操作体系。城市自然文化生态系统的互动与演进涉及人们的日常生活方式、文化价值观、物质空间环境的认知等多方面内容。

当代城市景观已不仅是作为文化事件和日常活动的载体，更是作为城市文化的发生体。它不仅引导了城市文化的发生，更是作为一种提升城市文化价值、促进文化演进的动力因素，并成为人们日常生活中不可或缺的组成部分。一些被誉为"城市客厅"的广场、绿色空间、社区小剧场将成为人们自发进行游憩、竞赛的场所，也可以定期开展一些音乐、表演、展览等露天活动，它们在提升城市居民的生活体验、启智、教育和文化服务方面具有重要的意义。城市景观在城市绿色空间发展中的社会角色转变将促使原有城市文化与自然的双重资源发挥更大的价值，从而提升城市生活的品质。

3. 区域与城市经济的发展

长期以来，人们普遍认为，风景园林属于政府公益性事业，是"花钱的面子工程"，对于城市建设来说仅仅作为一种配套设施，为城市居民改善生活环境，提高生态效益，而对于其经济价值很少去考虑。这种对城市景观认识的不足导致近年来城市建设面临着诸多难以解决的问题，包括中心城区衰败、城市边缘地区荒废、没有活力的新城建设与开发等。

国内许多城市已经全面步入了一个后工业时代，经济结构调整导致大量传统工业面临衰败，大片工业弃置地带来一系列的环境、社会、经济问题。如何使这些工业时期具有辉煌历史并对人类做出巨大贡献的场地重新焕发出新的活力，是当前风景园林促进区域与城市经济发展的重要课题之一。另外，我国目前处在一个新城建设的高峰期，原本大规模的城市郊区突变为新城中心，现有的做法通常是以一种全新的城市高楼取代原有的自然系统和文化遗迹，形成了大量没有任何自然、文化积淀的城市新区，这都不利于城市形象的塑造、居民生活的改善、投资环境的优化，最终导致区域与城市经济发展面临极大的考验。

1999 年，加拿大多伦多的当斯维尔公园设计竞赛在促进城市经济发展方面具有重要的参考价值。参与竞赛的设计团队提出了许多具有创造性的革新理念，为国内城市的更新和经济的发展提供了多种思考方向。

雷姆·库哈斯（Rem Koolhaas）和布鲁斯·毛（Bruce Mau）构想的"树城"（Tree City）最终赢得了第一名，成为这样一个看似平常的城市边缘地区复兴的典型案例。"树城"作为地区复兴的城市触媒，通过引导自然系统的延伸并融入不断蔓延的城市肌理，从而彻底改变城市边缘地区的形象，带动周边地区经济的发展，赢得人气和全新发展。雷姆·库哈斯和布鲁斯·毛采用持续生长的树来取代建筑，作为区域更新的基础设施，通过自然植被的延伸在城市中创造出新的元素，将生态系统完整地引入城市，融入周边环境里去，与城市其他绿色空间联系起来，以此推动整个区域的复兴与城市经济的发展。

风景园林作为重要的经济驱动方式，能够为城市发展带来巨大的经济价值，特别是为周边地块的发展带来复兴与活力。通过自然环境的改善，场地中文化的挖掘和提升，重新注入人文活力，增强城市的凝聚力。这种全新的理念有效推动了自然进程和文化进程，以此作为城市触媒带动整个地区经济的发展，从而带来巨大的社会和经济效益。

二、自然生态向人文生态演进中的多重社会角色

现有对自然生态环境粗放式开发的城市建设模式大大降低了原有自然生态系统的自我恢复能力，城市中大量的灰色基础设施由于其目标、功能单一，在解决某一城市或社会问题的同时带来了诸多其他问题。工业化时期，以经济发展为主导的城市建设思想导致人类赖以生存的自然环境持

续恶化。将城市灰色基础设施重新发展成为绿色基础设施，不仅为城市提供经济社会发展服务，同时，在城市生态环境和文化内涵方面具有持续的综合效益。

当前，国内外大都市圈的发展通常都伴随着区域与城市规模的扩张、土地规模的扩张，除了靠自身用地结构的优化调整，主要还是通过占用城市外围的荒废农田、工矿废弃地、垃圾填埋区等自然文化生态区进行区域的更新。然而，随着城市发展对生态环境的要求越来越复杂，场地内部自然物质形态的自我改善（例如去除污染源、改善土壤、水质等单一项目的改造）并不能提高生态系统的稳定性，其生态调节功能仍然非常脆弱。因此，人们有必要考虑运用区域自然生态文化演进理念来研究合理开发利用城市外围地区的自然景观，将其纳入城市开放空间系统。同时根据各自尺度的不同和形态的差异划分出斑块、廊道和基质，把它们作为改善与维护区域、城市、大都市圈生态环境的支持系统。这种支持系统不仅能够作为改善城市自然生态环境、调节微气候的生态基础设施，也能为城市居民提供经济、文化、游憩等社会效益。将城市景观与周围现有的具有生态调节功能的自然生态系统整合成为一个完善的城市开放空间体系，在维护场地自然文化生态系统稳定的同时，有效带动周边区域与城市的发展。

（一）缝合区域与城市的肌理

城市片区式跳跃发展往往引起对原有自然环境和开放空间尺度和形态肌理的破坏与断裂。特别是在一些城市弃置地与拥有健康与活力的社区之间，原有老城尺度下的城市生活一旦被打破，就很难恢复其活力。城市中布满了割裂自然和人文生态环境系统的灰色基础设施，如城市快速路、城铁、废弃机场、旧工业厂区、垃圾填埋场等，是导致周边社区衰败的主要原因。自然文化景观在城市中的角色不仅仅是恢复一片绿地，而是要引导一种动力机制，除了将城市中一道道断裂疤痕恢复其自然生态系统，更为重要的是将此作为缝合区域与城市肌理的一种手段。

　　城市景观的自然文化演进在区域与城市发展中缝合城市肌理的角色日益明显，其演进机制包含了时间和空间两个维度，从物质空间来说，在构建完善的自然生态系统和绿色开放空间系统方面具有不可替代的作用；从历史进程的维度来看，将这种自然生态向人文生态演进作为一个生长的有机生命体，需要一个长期发展、自我调整的过程，并需要与周边城市肌理相衔接。城市中自然生态向人文生态演进将原来割裂城市肌理的区域进行整合，形成一个更大尺度范围内的大型综合体，在城市文化、休闲、游憩、商业、自然等多种城市空间中寻求异质共生。

　　西雅图奥林匹克雕塑公园在展现工业文明以及现代社会思想发展方面就是一个非常成功的例子。纽约建筑事务所"韦斯／曼弗雷迪"（Weiss/Manfbedi）把大地当作雕塑来编织西雅图城市的肌理，设计从城市森林过渡到滨水地区的"之"字形网状路作为穿越公园的主要循环路线，辅助一些蜿蜒的小路为市民提供了多种功能，其中，火车轨道和城市街道直接穿越公园。

　　作为城市雕塑公园的一个新的构思模式，地块位于西雅图最后一块为开发的滨水空间，该地块是一片被铁轨和城市街道分割的工业遗迹。设计采用了大的"之"字形的绿色平台，将分割的几块场地连成一个整体。这个"之"字路网从城市向滨水区域一直延伸，展示了艺术的空间序列并将参观者从城市边缘引入水岸边，这个简洁而又具有视觉冲击力的设施跨越艾略特大街（Elliott Avenue）、城市铁路到达海边，用琐碎的空间缝补了城市破碎的肌理，巧妙地结合了城市远处的天际线和艾略特海湾的天然景观，开发场地的现有资源将城市中心连接到复兴的滨水区。

　　整个设计是一个规模宏大、风格独特的大地艺术作品。除此之外，设计师还布置了很多独特的雕塑作品，在这里艺术展览随时更换，而馆藏作品主要包括"钢铁树"亚历山大·考尔德的"鹰"（Eagle）雕塑，以及一个叫作"西雅图覆盖云"的构筑物，雕塑"觉醒"（Wake）就像是雕塑公园里长出来的一样，如此和谐。雕塑公园不仅成为一个雕塑艺术品的集散地，而且也建成了一座为大马哈鱼提供栖息场所的防波堤。在应对场地中 40 英尺（约 12 m）的高差问题时，设计师建立了一种新的地形秩序，并以此来编织城市与滨水空间之间城市肌理的延续性，西雅图美术馆馆长也表示："我喜欢韦斯—曼弗雷迪这种拥抱城市其他基础设施以捕获城市活力的方式。"

与其说西雅图奥林匹克雕塑公园是一个雕塑公园，不如说是一个城市公园。它以雕塑为载体，处处体现城市文化的魅力，没有让雕塑艺术和城市活动隔离开来，相反，它带领你近距离接触那些雕塑、城市交通、树林、混凝土板、滨海及其远处的天际线。这种集艺术、休闲、生态于一身，把城市蔓延到滨海，反映西雅图工业文明的城市雕塑，共同表达了这个地区的工业文化特征。这是对西雅图工业时期历史文明最好的诠释。

（二）引导周边区域与城市有机更新

城市景观中自然生态向人文生态演进是一个有关自然生态系统恢复以及区域文化复兴的过程。区域与城市有机更新作为一种新的状态，重在自然系统与文化系统的整体提升。它是将其作为一个生命体，引导城市中自然—城市—文化之间的演变机制和互动发展。城市景观的自然文化演进注重的是原有肌体的重新生长、弥合与恢复，它是有关场地中自然环境及其背后的经济、文化和社会运作机理的"城市有机更新"（Urban Organic Renewal），是西方在工业化后期为解决传统中心城市衰落问题而采取的一系列措施。城市生态系统如同生物有机体一样，随时间的推移，城市的生命机能也会呈现出自己的生命周期，从产生、发展、成熟直至衰落。因此，人们需要不断进行物质环境的改造和社会文化的提升，使其向着一种健康、进化的方向持续演进。城市景观中自然文化生态演进强调的不仅仅是自然生态环境的改善，同时充分考虑了人的需求，包括区域经济产业的改造升级、社会角色的重新定位、文化生命力的日益彰显，引导并推动周边区域与城市有机更新。

位于曼哈顿岛西侧的"高线"（High Line）是一条废弃的货运高架铁路。高架总长度约 2.33 km，平均宽度约 15 m，宽窄不一，最小宽度约 9 m，总面积约 2.7 hm²，跨越了纽约市的 22 个街区。其中，一期工程长约 800 m，面积约 1.13 hm²，从甘斯沃尔特大街穿越切尔西居民区和第 10 大道到西 20 大街，共跨越了 9 个城市街区。

20 世纪 30 年代，为了顺应曼哈顿港口贸易的快速发展，纽约市在曼哈顿西侧的哈德逊河畔建造了一条高架铁路，以避免繁忙的货运给当地街区生活带来负面影响。70 年代末，随着这里产业经济的转型，原来的港口货运及其工业逐渐衰败，直到 1980 年高线停止运营。迄今已闲置了 25 年之久的高线公园，由于年久失修，对周边街道及社区的安全产生极大的威胁，有人建议将其拆除以便更好地开发周边地区。但是，这种想法立即遭到了当地一些文物保护组织的强烈反对。在高线被废弃的 20 多年里，高线本身也开始发生了一些非常有意思的变化，在自然力的作用下，一些先锋植物逐渐萌发出来，土壤逐渐堆积，一些早期演替植物开始生长。这些有趣的变化过程触发了当地人们的灵感。于是，1999 年，非营利组织"高线之友"（Friends of the High Line）发起了保留高线的倡议，倡导大家转变观念，转换高线的服务功能，希望将这条贯穿曼哈顿 22 个街区的废弃铁路改造成一个占地的市民公园。

2004 年，纽约市政府组织策划了高线开发计划的国际竞赛，James Corner Field Operations 景观设计事务所和 Diller Scofidio+Renfro 建筑事务所合作的方案——"植—筑"（Agri-tecture）的设计理念最终胜出。这两家事务所提出一个模糊铺装和植被之间界限的线性步道设计，通过改变步行道与植被的常规布局方式，打破自然植被与人工构筑之间的界限，呈现出软硬表面不断变化的比例关系，从高使用率区域（100% 硬质铺装）过渡到完全种植区域（100% 植被），创造多样的空间体验，使人类、植被和鸟类在场地中和谐共生。

詹姆斯·科纳将景观纳入一种操作模式，在原有工业遗迹（混凝土、钢结构、道磴等）中嵌入一套当代城市生活元素（铺装、装饰、灯光、植被），设计师精心安排的铺装系统以及浅根植被的栽植系统，尊重了高线场地的单一性和线性特色。通过复杂的介入营造出既荒野又文雅的空间体验，模糊自然—城市、过去—现在之间的界限，将工业遗产的文化特征和乡村荒野融入具有功能性和大众性的城市公共空间，展现出那种悠然自得的轻松氛围，与周边闹市形成鲜明的对比。这条延绵 2.33 km 的城市廊道发挥着游憩设施、旅游景观和经济发展引擎的作用。正如科纳自己描述的那样，景观作为一种城市触媒，能够对当今社会的迅速发展、交替演变和逐渐适应等情形做出直接而有效地应对，它不仅仅是当代城市更新的重要策略，更是一个在城市发展过程中引导其持续演进的动力机制。

2009 年 6 月 7 日，高线公园一期工程建成并对公众开放。这一项目在保存原有工业历史遗迹的同时创造出一种非凡的空间体验，使其获得新生。在整个设计过程中，各级政府机构和相关利益团体的协调、公众的广泛参与，以及环保材料、分阶段实施、短期和长期规划以及未来的维护和运营等，在当代景观管理实践中堪称典范。其出色的设计赢得了美国风景园林业内人士的广泛好评，并获得了 2010 年美国风景园林师协会（ASLA）综合设计类荣誉奖。

（三）推动城市新区景观的发展

近年来，社会快速发展背景下的新城开发为大量新区景观建设提供了契机，特别是那些以大型城市事件，作为城市自然、文化演进策略，具有极为重要的借鉴意义。这种由政府主导开发完成，承载着更多公益性角色的大尺度城市景观所具有的巨大潜能往往被人们低估，现有城市景观已经深入人们生活的方方面面，其积极的发展模式极大影响着人们日常生活的状态。景观的社会角色逐步扩展成为一个生态、文化、经济、社会的城市景观综合体。以前仅仅作为"绿地"概念的城市景观已经具备完善城市自然系统，提升城市文化价值，促进区域经济增长的能力，并推动整个社会向前发展。

2005 年，两年一届的德国联邦园林展（BUGA）在慕尼黑里姆（Riem）新区举办。这是市政当局策划的推动慕尼黑城市景观发展的众多大型事件之一，旨在通过具有前瞻性的人类活动来引导地区的更新与发展。这种积极引导策略的不仅完善了城市绿色开放空间系统，融入人们的日常生活，更为重要的是，提升了 Riem 新区的城市形象和社会认知。

从事件的策划、民众关注度、场地原有农田肌理的保留、展园设计、生态环境的恢复、促进周边商业开发等多种项目与活动来看，这次 Riem 新区景观建设无疑是成功的，它激发出景观的最大潜能。在这次事件发生的过程中，园林展不只是一种文化载体，还是地区文化事件的发生体，这种自然生态向人文生态演进的过程使得景观成为一种积极影响现代文化的工具，它通过人类活动的积极干预使原来相对平庸的地区焕发出新的自然与人文活力。

（四）构建城市绿色开放空间网络

城市景观中自然生态向人文生态演进是在自然与人工界面效应作用下进行的，城市的无序发展很容易导致周边自然的退化与文化的缺失。一个具有良好自身结构与功能的城市生态网络体系能够维持区域内自然界面（包括地质、地貌、水文等）和人工界面（历史、文化、经济、社会等）之间复杂稳定的物质交换与交流。城市景观由各具功能、相互联系、分工有序的基本功能单元组成。它作为城市生态网络中的基本功能单元，相当于自然生态系统中的基本成员，成为构建城市开放空间网络的基础。

西方发达国家的快速城市化进程及区域的无序发展导致当时城市整体生态环境日益破碎化。路易斯·芒福德在为波特兰城市发展规划的过程中提到，贪婪的工业化发展正在蚕食自然的杰作。他认为遵循自然演进的思想能够改善城市开放空间网络体系。自 19 世纪末，为应对当时城市的无序发展，城市美化运动开始兴起，风景园林逐渐由小尺度的公园设计开始转向大尺度的城市整体绿色开放空间的规划。奥姆斯特德和沃克斯的纽约中央公园可以称为构建现代城市开放空间的滥觞。随着之后公园运动浪潮的进一步推动，原来为工业化城市提供休闲娱乐环境，充当城市"绿肺"的绿草地方案，发展成为"建设多个公园并将其组合成一个公园系统"的思想。

被誉为"翡翠项链"（Emerald Necklace）的波士顿公园系统正是基于这一规划思想而产生的。19世纪80年代，奥姆斯特德（F. L. Olmsted）为波士顿制定的沿查尔斯河进行改造规划。改造之前的查尔斯河受城市发展的影响，其生态系统服务功能逐渐退化，工业污染、生活垃圾、河道渠化等问题使得该地区成为城市发展的阻碍。波士顿公园系统主要分为四个部分，即波士顿城市原有的公共绿地，波士顿后湾潮汐平原的洪泛区域以及阿诺德植物园和富兰克林公园。波士顿公园系统综合了城市公园绿地建设、环境污染治理、退化生境恢复以及控制城市无序扩张等多重功能，联系了中心城区和周边大面积的城市郊区和乡村地带，将自然成果引入城市，同时为城市未来的发展提供了充足的自然环境。通过改善交通、游憩、生态防洪、水质处理、环境保护以及沟通城乡联系等多种措施，"翡翠项链"将城市中心区与当时的郊区和乡村整合成为有机综合体。相比规划初期，今天的波士顿市区已延伸到很远的郊区。

奥姆斯特德的"翡翠项链"为构建波士顿城市绿色开放空间网络奠定了良好的基础。而将这种公园系统的规划思想进一步扩展到更大区域尺度范围，并为未来进行全美国土景观空间规划提供模式的是查尔斯·埃利奥特（Charles Eliot）。波士顿大都市开放空间系统（Metropolitan Park System）规划之初，埃利奥特对整个大都市区域的自然环境和社会状况进行了科学而系统的调查与研究，特别是相关法律法规的推出为今后风景园林政策的实效性提供了有力保障。他认为，风景园林作为自然与城市的综合体，由不同等级的土地单元镶嵌成多级综合系统，在规划过程中需要将这些单元进行系统分类，如森林、海岸、岛屿、河流等。然后依据这些土地特征，采取科学合理的措施（河道洪泛区管理、水质改善、植被恢复、绿色廊道的建立等），与城市公园系统一起构成了波士顿城市开放空间网络体系。

这种城市开发空间系统的规划思想直接影响了小查尔斯·埃利奥特（Charles Eliot II）。1928年的新英格兰地区马萨诸塞州开发空间规划就是在原有大波士顿地区公园系统规划的基础上发展而来的，包括后来土地规划师曼宁以及麦格哈格的生态规划理论。

城市作为一个开放的复合生态系统，其物质和能量的交流与互换过程极大地依赖于人类社会的管理与维护。区域与城市发展不仅需要其系统内部进行健康、进化的自然过程和文化过程，而且城市与外界环境之间要形成良好的互动。因此，缝合城市因过度开发而形成的伤疤，引入城市绿色基础设施，引导城市衰败区域的有机更新，构建一个连续的城市绿色开放空间网络体系，将为区域与城市创造一个适宜生活的、自然—城市—文化和谐发展的整体人类栖居环境。

三、驱动区域与城市再生的自然生态向人文生态演进

驱动区域与城市再生的自然生态向人文生态演进就是将人的干预活动附加在自然物质形态的景观上，在多元文化背景下，确立了一个长期的规划框架与策略，促使人工景观和自然景观融合成为一个无差别的综合演进体系。

城市再生是一个庞大而系统的工程，整合城市各要素之间的矛盾与冲突是区域与城市再生的有效途径。然而，通过开浚人工水渠和铺设大管径的排水管网并不能彻底解决城市季节性洪水泛滥问题，那些铺筑硬质铺装而取代原来泥泞草地的做法同样低级。这些单一的措施都没有将其作为一个系统的工程去考虑，而是将它们从这里转嫁到别的地方。只有自然具有高效、积极的生产力并引导自然和城市文化共存，才能展示其文化的丰富性与活力。

　　从大的时间跨度来看，人类一直在寻求一种合理利用自然的方式以维护良好的人类生存环境，既满足人类需求又与自然和谐相处，这使得自然景象逐渐转变成为人文景观。从某种意义来说，人们可以将这种自然、文化属性变迁看作自然生态向人文生态演进的历程，它是人与自然相互作用的结果。

　　全球性生态环境危机让人们重新审视当前人类对自然的认知，进而发展成为一套科学的、干预自然的策略和方法。然而，这些仅限于生态学领域的理论并不能很好地解决当前城市的快速发展及社会转型导致的城市中心区衰败所带来的一系列社会、经济、文化等问题。因此，如何将景观介入城市并引导区域与城市的活力再生，成为近年来人们普遍关注的话题。

　　伊恩·麦格哈格（Ian L.McHarg）的生态规划理论，经过詹姆斯·科纳（James Comer）和查尔斯·瓦尔德汉姆（Charles Waldheim）等人的研究与实践，已发展成为强调基础设施建设、生态系统管理、分阶段实施理念和多学科（Multidiscipline）跨领域协作的"景观都市主义"（Landscape Urbanism）。景观都市主义是由现任哈佛大学设计学院（GSD）景观系主任查尔斯·瓦尔德汉姆于 1977 年由他策划的景观城市主义论坛和展览时提出的，这种新的学科融合机制在此后一系列出版物中不断得到强化。詹姆斯·科纳和查尔斯·瓦尔德汉姆将麦格哈格的有关大尺度生态规划理论作为工作的基本框架，同时摒弃了麦格哈格的一些做法。他们更多考虑的是对场地的复杂介入，多种功能在同一场地并存，建立一套社会、文化、自然环境融为一体的模糊边界复杂体系，城市自然系统和人类系统相互影响、相互作用，在这一动态过程中形成了一个充满活力的综合体。

第六章　国内外生态园林设计案例

第一节　国内生态园林设计案例

一、菖蒲河公园

菖蒲河原名外金水河，源自西苑中海，从天安门城楼前向东沿城南端流过，汇入御河，明代成为城内的一条河道，因长满菖蒲而得名。其西北为劳动人民文化宫（太庙），北侧为保留完整的四合院，其中包含了国家级文物皇史宬和普胜寺（今欧美同学会），同时菖蒲河也是南池子历史文化保护街的南边界。历史上，这里是明代皇城内"东苑"的南端，因此，它既是一条历史悠久的河道，又是一条城市景观河道。

20世纪60年代，为了解决节日庆祝活动所用的器材存放，将菖蒲河加上盖板，上面搭建起仓库、住房，后来形成狭窄、脏乱的街巷，环境恶劣，与其所处地位极不相称。新出台的《北京历史文化名城保护规划》第七条"历史河湖水系的保护"中明确提出，重点保护与北京城市历史沿革密切相关的河湖水系，恢复部分具有重要历史价值的河湖水面。菖蒲河是故宫水系的一部分，故应予恢复。

菖蒲河公园是继皇城根遗址公园之后的又一项保护古都风貌、促进旧城有机更新的重要工程。新建的菖蒲河公园位于原来菖蒲河胡同两侧。

具体范围是西起劳动人民文化宫，东至南河沿大街。北起飞龙桥胡同、皇史宬南墙、南湾子胡同等，南至东长安街北侧红墙，全长约 510 m，总规划面积 3.8 hm²，规划绿地、水面面积 2.02 hm²。在这段狭长的空间里设计师安排了"菖蒲迎春""天妃闸影""东苑小筑""红墙怀古""凌虚飞虹""东苑戏楼"等景点。

对菖蒲河旁的古树，曾有两种不同的意见：一是为成全笔直的河道而将古树全部伐除，重新栽种；二是全部保留，但要增加设计难度。如果把古树伐掉，不但三年内不能形成有规模的景观，开园时人们只能见到草坪一片，而且园林设计中所讲的生态效益根本无从谈起，这显然是设计师所不愿看到的。所以现在见到的菖蒲河河道是被裁弯的，这是菖蒲河公园在设计上的最大特色，目的就是保住沿岸的 60 棵古树。

菖蒲河公园在设计中有四个特征。

（一）河水倒流

金水河的水是自西向东流的，而菖蒲河的水自东向西流。其中的秘密就在东口"菖蒲球"旁的水池中。在水池中的铁质菖蒲丛中有一个隐藏着的井盖，井盖下是两台昼夜不停的水泵，水泵将菖蒲河水抽到池中，水再从"天妃闸"跌落而下，自然形成了一个常年哗哗流淌、赏心悦目的小瀑布，水从"天妃闸"上跌落而下还起到了曝气的作用，可以保持和改善水质。

（二）水流很清

菖蒲河公园西边的假山特别高，站在怪石嶙峋的假山上足以望见故宫的内景。假山里面藏着菖蒲河水常流常清的奥秘。

假山中藏着的一套水处理系统，24 小时工作，将来自北京市通州区的水抽到净水装置中处理，然后排回河道，周而复始，循环利用。同时，目前河道中已经成活的香蒲、芦竹、芦苇、睡莲、水葱、千屈菜等十余种野生植物也将起到净水作用。"清水"是为了"亲水"。为方便市民游园，在设计中，不长的菖蒲河上架设了 4 座人行桥，还特意留了 10 处临水平台，游客可亲手触摸到水，坐在岸边咫尺赏鱼。

（三）人造山石

菖蒲河公园中 3/5 的石头都是假山石，在菖蒲河公园的设计中需要用大量形状各异的山石是肯定的，颐和园、圆明园等皇家园林中步步成景，山石的妙用功不可没。有些山石是从千里之外的太湖运来，设计者考虑更多的是不破坏菖蒲河的同时保留太湖山石本身的美感。寻一块造型奇特、品质优良的山石不仅耗费大量人力、物力、财力，更重要的是开采山石会对环境造成很大危害。考虑再三，菖蒲河公园的方案提出了使用"人造石"的设想。设计人员在北京、河北、山西的名山精心挑选有特色的山石进行拓模，获得"克隆"的模具后再与有关技术人员共同研究，造出了由水泥、玻璃纤维等为主要成分的"人造石"。"人造石"抗老化能力强，寿命可达 20 年。

（四）渚水现红鱼

菖蒲河公园开放时，河道中放入了 1 t 锦鲤和红鱼，这些鱼儿为公园增色不少。园中水景游鱼是菖蒲河公园设计的亮点。鱼儿虽小，却是点睛之笔。游动的鱼，一方面可使园林更有生命力，另一方面可起到调节水生植物生长的作用。

二、上海世博后滩公园

（一）基地原状

后滩公园为上海年 2010 世博园的核心绿地景观之一，由北京大学景观设计学研究院及北京土人景观与建筑规划设计研究院设计，它既是上海 2010 年期间世博绿地，也是未来上海市的公共绿地。规划范围是西起倪家浜、东至打浦桥隧道的浦明路沿黄浦江一侧所有用地，用地总面积 18.2 hm²。后滩公园不仅需要满足安全疏散、游憩等功能，还承担着湿地保护、科普教育、湿地水处理和生态游赏的功能。上海世博后滩公园是 2010 年上海世博公园的主要组成部分，场地原为浦东钢铁集团和后滩船舶修理厂所在地，由于城市产业转移，往日的繁华已被遍地垃圾、污染肆意的工业废弃地所取代。从对现状的分析来看，如何在尊重建筑场地地形的基础上，恢复被工业污染的环境，改善防洪控制功能，成为本次设计的重点和难点。

（二）设计理念

1. 绿色设计

绿色设计的基本思想是在设计阶段就将环境因素和预防污染的措施纳入设计之中，将环境性能作为设计目标和出发点，力求设计作品对环境的影响最小。后滩设计将景观作为一个生命肌体，设计一个活的系统；为城市提供全面的生态服务，包括生产和吸收碳排放，调节自然过程，净化被污染的土地和水，提供乡土物种栖息地和传承文化，审美启智等。设计者倡导足下文化与野草之美的环境伦理与新美学思想，用当代景观设计手法显现了场地的四层历史与文明属性：黄浦江滩的回归，农业文明的回味、工业文明的记忆和后工业生态文明的展望。

2. 生态设计

所谓生态设计，是按照自然环境存在的原则和规律设计人类的居住形式和居住环境。生态设计的基本出发点，是试图为人类寻找一种在地球上愉快地生活而又不会对地球生态造成破坏的生活方式。后滩公园设计将景观作为生命系统，用当代景观设计手法，在垃圾遍地、污染严重的原工业棕地上，建成了具有水体净化、防洪、生产、生物多样性保育、传承文明、审美启智等综合生态系统服务功能的城市公园。公园借鉴了农业文明和工业文明的成果，建立了一个可以复制的水系统生态净化模式，利用人工湿地进行污水净化，在 110 hm² 的绿地中，每天能将超过 2 000 t 的劣 V 类水净化为可以安全使用的 III 类水；通过生态化设计，实现了生态化的城市防洪和雨水管理，让自然做功，实现低成本维护，为解决当下中国和世界的环境问题提供一个可以借鉴的低碳城市样板；倡导生态之美、丰产与健康的作物与野草之美。还有，将黄浦江岸原有的水泥防洪堤拆除，代之以只需少量维护的一系列松散的生态友好型岩石作为防范上海遭受洪水的高效系统。

3.可持续设计

景观的可持续设计本质上是一种基于自然系统自我更新能力的再生设计，包括如何尽可能少地干扰和破坏自然系统的自我再生能力，如何尽可能多地使被破坏的景观恢复其自然再生能力，如何最大限度地借助于自然再生能力而进行最少设计。后滩公园汲取农业文明的造田和灌田智慧，再用和再生场地内的工业建筑和材料，建成后不再需要大量人力、物力去维护，尽可能多地使用可持续材料；后滩公园中的栈道完全取材于竹子，而对于从旧场地的工业建筑拆下的材料，也予以回收并整合到各种新的建筑里，形成了可持续的设计。它生动地注解了"城市让生活更美好"的上海世博理念。

（三）设计策略

1.湿地净化系统与生态景观基底

公园保留了场地内原有一块面积为 4 hm² 的江滩湿地。茂盛的柳树和芦苇群落，供多种鸟类栖息并发挥河水净化和防止洪水侵蚀等功能；改造原有水泥硬化防洪堤，成为生态型的江滨潮间带湿地，供乡土水岸植被繁衍生长；同时，根据狭长的场地条件，设计了一个人工内河湿地系统，绵延 1.7 km，宽窄不一。该内河湿地具有多种功能。

一是形成了一个富有生命的水质净化系统：将黄浦江劣 V 类水，经过沉淀、曝气加氧，土壤和植物及微生物逐渐净化，在缓慢流经湿地的过程中得以净化至Ⅲ类净水，供世博会场的景观、浇灌和冲洗用水。初步试运行证明，后滩公园的水净化能力是每天 2 400 t。这既是一个实际的水净化系统，也是一个展示和科普教育系统。

二是构建生态化防洪体系：内河湿地在 20 年一遇的防洪堤与千年一遇的防洪堤之间，成为黄浦江陆地之间的过渡带和缓冲区。通过内河湿地，水陆高差得以分级处理，大大降低防洪堤的相对高度和强度要求。砸掉了原有水泥防洪墙，而改为生态化的护堤，使滨江生态系统的完整性和连续性得以改善。

三是创造丰富的溪谷景观：在狭窄的场地上，营造丰富的空间。内河谷地地形与两岸的乡土乔木相结合，创造了一个相对幽静的溪谷景观，在喧闹的环境中开辟了一片僻静的场所。溪谷纵向由上游而下，蜿蜒曲折，空间开合多变；横向自陆而江，一波三折，在狭窄的断面上创造了丰富的空间层次。

四是乡土植被：为营造自然湿地，大量禾本科湿生植物和野花组合，构成绿色基底，成为丰产的生物固碳基础性植被。

2. 三种文明揭示场地个性

设计采用立体分层方式，层层剖析和演绎场地的历史与未来，刻画公园的独特个性，并为解决场地面临的挑战寻找出路。以后，滩场地景观演绎的时间脉络、空间背景和场地禀赋作为线索，在上述湿地生态景观基底之上，叠加田园的回味、工业记忆和后工业文明三个层次的景观信息，形成场地的总体特征，传达三种文明意象。

3. 田的回味

后滩地区自唐代到 1843 年开埠，经历了近千年的农业社会，目睹着黄浦江畔农耕经济的兴衰起落。农耕文明景观层是本规划中体现场地农耕文明遗迹的重要景观层次。

梯地禾田带是公园的内河湿地与浦明路之间的过渡地带。设计从千百年来中国的梯田中获得智慧的启迪，用梯田来解决 3 ~ 5 m 的高差，同时，利用梯田灌溉的过程，使污水得以曝气、逐级沉淀、净化。田块中种植五谷、经济作物和各类具有水净化功能的水生植物，随季节而变换，营造都市田园。春天菜花流金，夏时葵花照耀，秋季稻菽飘香，冬日翘摇铺地，无不唤起大都市对乡土农业文明的回味，使土地的生产功能得以展示，并重建都市人与土地的联系，为大上海市民，特别是青少年，提供一处农业和农作的科普教育场所。

梯田结构增加了这一区域景观与植被的多样性，丰富了江岸过渡带的界面景观，同时创造了丰富的体验空间。以田埂为径，人们可以进入湿地净化区域，体验独特的田园景观和人工湿地展示，作为可进入的"毛细管"路径，大大提高了公园的人流容量，像海绵一样，田埂网络使公园的人流容量极富弹性。

4. 工业的记忆

上海是中国近代工业的发源地，见证了近代民族工业由无到有、由小到大的发展历程，场地范围内的工业遗址主要为工业厂房和货运码头，有型钢厂三车间、厚板酸洗厂房和码头等。设计通过改造原有厂房及码头，运用剥离、填充、穿插等手法，保留、再用和再生场地内的工业遗产，纪念上海后滩的工业文明。

型钢厂三车间及厚板酸洗厂房的改造：厂房所处位置为后滩湿地公园的南部，临时旅游停车场的北端。在本设计中改建为后滩湿地公园的综合服务中心——"空中花园"，布置各类酒吧和茶座等休闲设施。

货运码头改造：货运码头位于后滩湿地公园的中部，靠近原生湿地保护区。因已失去货运码头功能，在本设计中改建为一处码头遗址花园——芦荻台，可供游人眺望，如黄浦江原生湿地景观和对岸上海城市天际线。

锈色长卷：这是一条由原场地内的钢板加工制作而成的绵延绸带，它由钢板在三维空间中折叠而成，平行游走于溪谷湿地之中，或平铺于栈道之上，成为一种铺装，或昂首于空中，兼有装置艺术、景框和庇护功能，成为自然朴素的湿地基底上一个现代而灵动的活跃因素。在这里，工业记忆体现为一种超越形式与功能的材料，极具艺术。

5. 生态文明展望

作为后工业时代生态文明的展望和实验，公园倡导低碳景观理念，强调公园在建设和维护过程中的低成本和可持续发展理念，集中体现在：建立内河湿地净化系统，利用自然做功，展示生物净化的生态文明理念与实例；黄浦江护岸的生态友好型设计，与洪水为友，改变常规防洪工程的理念和做法；溪谷底部以黏土作为防渗材料，使水体和湿地具有良好的生境；大量乡土物种和农作物用于水体净化和生物生产，并实现低成本维护；充分利用旧材料如旧砖瓦的再用，节约造价；建筑物设计上强调节能技术的使用和创新；采用可降解竹材，大面积铺地等。

6. 体验网络

经过设计的后滩公园是一个有生命的生态系统，提供各种生态服务，它是场地自然景观的再现与再生，使场地经历了农业文明、工业文明，最后回归完整的生态文明，同时留下了历史的符号与记忆，而成为一种后工业文明的载体。使人体验和享用这个生态系统的生态服务，并获得教育和审美，进而使受益者将其对自然和土地的理解和关爱延伸到广大中国乃至世界的每一寸土地，这便是公园核心的内容。公园通过一个步道网络与多个场和容器相结合，构成一个完整的、"线网＋节点"的体验网络，使游客获得丰富的景观体验。

7. 步道网络

依据安全、便捷和弹性容量原则，公园建构了一环、六纵、多路径的步道路网，既确保了湿地公园与外界的便捷联系，又保证了场地内部便利的可进入性；既满足了世博会期间大量游客使用和封闭管理的要求，又满足会后作为城市公园的宜人性和可进入性。在内河湿地两侧分别设计有主要步道，以构成环路，通过栈桥连接两岸主路，利用田埂形成一个"毛细管状"的步道网络和弹性的可进入空间，使大量游客可以深入公园的各个部位，体验丰富的景观。

8. 场与容器

场与容器是后滩湿地公园中的一些节点，有三种类型。①场与平台：包括公园西部的"空中花园"广场（综合服务中心）、中部的水门码头广场及东部漂浮的花园广场，供人聚合之用。②体块：由树阵或竹丛构成块状实体，成为步道线路上的"障碍"或"肿块"，为人们提供分割空间的体验。③容器：由树丛围合成可供展示或休息的围合容器。它们用于展示当代艺术和来源于场地的旧机器等。

这些场与容器、步道网络相结合，常有步道从中穿过，创造出独特的空间体验。

三、成都活水公园

成都活水公园位于成都市东北隅，占地 24 000 m²，被看作"中国环境教育的典范"，是世界上第一座以"水保护"为主题、展示国际先进的"人工湿地系统处理污水"的城市生态环保公园。它模拟和再现了在自然环境中污水是如何由浊变清的全过程，展示了人工湿地系统处理污水工艺具有比传统二级生化处理更优越的污水处理工艺。它充分利用湿地中大型植物及其基质的自然净化能力净化污水，在此过程中促进大型动植物的生长，增加绿化面积和野生动物栖息地面积，有利于良性生态环境建设。建造人工湿地系统具体措施是引导府河的水依次流经厌氧沉淀池、水流雕塑、兼氧池、植物塘、植物床、养鱼塘、戏水池等水净化系统，使之由浊变清。

（一）厌氧沉淀池

厌氧沉淀池直径 12 m，高 8.5 m，容积 780 m³。厌氧沉淀池把被人为污染的、水质达不到一般景观用水要求的、低于 V 类水质标准的府河污水泵入厌氧沉淀池，进行预处理。在厌氧沉淀池中，经物理沉降，密度大于水的悬浮物沉到池底，密度小于水的悬浮物浮到水面，由人工清除；部分可溶性有机污染物经厌氧微生物降解作用或被分解为甲烷、二氧化碳等气体排入大气。

（二）水流雕塑

独具匠心的水流雕塑形似一串花朵，它利用水的落差使水在一个个石臼中欢跳、回旋、激荡，与大气充分接触、曝气、充氧，增加水中的溶解氧含量，使水更具活力。同时，水流雕塑把上、下两个工艺单元有机联系在一起，具有较高的观赏价值。

（三）兼氧池

兼氧池深 1.6 m，容积 48 m³。从厌氧沉淀池流出的水经水流雕塑一路充分溶解空气中的氧，流入兼氧池。有机污染物在兼氧微生物的作用下降解成植物易于吸收的无机物。兼氧池中的兼氧微生物和植物对水有一定的净化作用。同时，兼氧池是人工湿地系统的配水装置。

（四）植物塘、植物床

植物塘、植物床是人工湿地系统处理污水工艺的核心部分，包括 6 个植物塘和 12 个植物床。这个系统仿造了黄龙寺五彩池的景观，种有浮萍、凤眼莲、荷花等水生植物和芦荟、香蒲、茭白、伞草、菖蒲等挺水植物，伴生有各种鱼类、青蛙、蜻蜓、昆虫和大量微生物及原生动物。它们组成了一个独具特色的人工湿地塘床生态系统，污水在这里经沉淀、吸附、氧化还原和微生物分解等作用，大部分有机污染物被分解为植物可以吸收的养料，污水就变成了肥水。在促进系统内植物生长的同时净化了水体，水质明显改善。人工湿地塘床系统好似一个生态过滤池，污水通过这个过滤池可以得到有效净化。

（五）养鱼塘

污水经人工湿地塘床系统净化处理后，再次经水流雕塑充分曝气、充氧，水中溶解氧含量大大增加，可全面达到Ⅲ类水质标准，可作公园绿化和景观用水。养鱼塘系统养殖了观赏鱼类和水草，鱼类以各种藻类和微生物为食物，同时排出鱼粪等无机物，促进藻类植物生长。流水在这里通过曝气、沉淀、生物降解和逐级过滤，确保达到Ⅲ类水质标准。这个系统养殖的鱼类、水草在供游人观赏的同时，可以起到直观的生物检测作用。

（六）戏水池

戏水池是为游人提供戏水、亲水活动的场所。碧澄清澈的溪流吸引人们亲水、戏水、爱惜水、保护水，把清水送还自然。人们在这里走进大自然，融入大自然，体验大自然的清纯、美妙。戏水池是活水公园的句号，涓涓清流继续流向府河。

四、中山岐江公园

（一）岐江公园的前生

粤中船厂旧址占地 11 hm²，从 1953 年到 1999 年，走过了由发展壮大到消亡的历程。1999 年，中山市政府开始把船厂改建成公园。粤中船厂历经我国工业化进程的艰辛而富有意义的沧桑历史、特定年代的艰苦创业历程，沉淀为真实并且弥足珍贵的城市记忆。

（二）设计方法与设计形式

从设计方法上，岐江公园面临着三个选择：借用地方古典园林风格；设计为西方古典几何式园林；借用现代西方环境主义、生态恢复及城市更新的路子，强调废弃工业设施的生态恢复和再利用。最终选取了第三种方式，整个设计贯穿了生态恢复和废物再利用的思想。

与岭南园林相比，岐江公园彻底摒弃了园无直路、小桥流水和注重园艺及传统亭台楼阁的传统手法，代之以直线形的便捷道路，遵从"两点之间线段最短"的原理，充分提炼和应用工业化的线条和肌理。与西方巴洛克及新古典的西式景观相比，岐江公园不追求形式的图案之美，而体现了一种经济与高效原则下形成的"乱"。蜘蛛网状结构的直线步道，"乱"的铺装，以及空间、路网、绿化之间的自由均为基于经济规则的穿插。与环境主义及生态恢复相比，岐江公园借鉴了现代西方环境主义对工业设施及自然的态度：保留、更新和再利用。

岐江公园在设计上保留了粤中船厂旧址上的许多旧物，包括原址上的所有古树、部分水体和驳岸；两个不同时代的船坞、两个水塔、废弃的轮船和烟囱等。还有一些如龙门吊、变压器、机床等废旧机器经过改造、修饰和重组成为公园装饰品，提升了整个公园的艺术性。两个船坞被改造成游船码头和洗手间；两个水塔则变成两个艺术品：一个称为"琥珀水塔"，另一个称为"骨骼水塔"。龙门吊、变压器、机床等废旧机器经艺术和工艺修饰后变成艺术品，散落在公园各处。

五、沈阳建筑大学校园稻田景观

2002 年，沈阳建筑大学因校园扩大规模迁入浑南新区大学城，校方委托由俞孔坚教授带队的土人景观规划设计院对新校区进行整体场地设计和景观规划。在此过程中，俞孔坚教授将稻田引入校园的简单置换带来了景观设计的一次全新的观念重建。

（一）挑战、机遇和对策

项目有以下几个方面的机遇和挑战：

（1）场地原属高产农田，是东北稻的种植地，土地肥沃，水源丰沛。

（2）时间紧迫：校方希望在最短时间内形成新校园的景观效果，迎接当年 9 月的新生入学。

（3）资金有限：校园基建预算基本只能满足校舍建设，很难有资金用于环境建设。

（4）特色要求：新校园需要有独特的个性，而景观起着关键作用。

这些机遇和挑战，注定了稻田将是一个最合适的景观战略。因为稻田最适宜于本地生长，而且东北稻有 150 ～ 200 天的生长期，有较长的观赏期。

稻田的建设和管理成本低，技术要求低，比传统校园的花草管理还要简单，几个普通农民就能很好完成从播种到收割的全过程，不但如此，还可以有收入。

见效快，几个月内就可以形成有着四季交替的稻田景观。

有特色，符合场地特点，可以形成独特的稻田校园。

经过多年的春种秋收，目前，沈阳建筑大学已经围绕校园稻田形成了独特的校园文化。中国农耕文化包括二十四节气在内，在师生的劳动参与和季节变换中得到展现。校园的插秧节、收割节接待中学生参观稻田等，已成为校园文化的一个重要组成部分。校园稻田还被沈阳国际园艺博览会作为博览园的一部分。

"建院金米"，年产近万斤的稻米收获被包装成学校的纪念品，深受国内外嘉宾的喜爱。袁隆平院士为之题词："校园飘稻香，育米如育人"，可谓意味深长。

（二）设计特点

（1）大田稻作基地上的读书台：在大面积均相的稻田中，便捷的步道连着一个个漂浮在稻田中央的四方形读书台，每个读书台中都有一棵庭荫树和一圈坐凳，它们是自习读书和感情交流的场所。

（2）便捷的路网体系：遵从两点一线的最近距离法则，用直线道路连接宿舍、食堂、教室和实验室，形成穿越于稻田的便捷路网。挺拔的杨树夹道排列，强化了稻田的简洁、明快气氛；3 m 宽的水泥路面中央，留出宽 20 cm 的种植带，专门让乡土野草在这里生长；座椅散布在路旁的林荫下。

（3）强调景观的动态过程：从春天播种到秋天收割，再到冬天收割完留在田里的稻禾斑块及稻茬，以及晾晒在田间地头的稻穗垛子，都被作为设计内容。

（4）可参与性：校园稻田是学校师生参与劳动而共同创造的景观，参与过程本身成为景观不可或缺的一部分。通过这种参与，校园景观的场所感和认同感油然而生。

通过将稻田引入校园，采用现代景观设计手法，使大田稻作既有生产功能，又能满足校园学习、美育和文化及农业劳动教育等功能。中国的"耕读"传统在这里被赋予全新的意义，中国的农业文化得到了展现；不同于中国传统园林中矫揉造作的田园意境，在这里，稻作大田本身作为审美和实用的对象，是一种景观；在这背后，不是士大夫矫情的诗意，而是对严酷的中国人地关系危机意识和粮食安全危机的直白态度，当然也不乏新的、寻常景观的诗意。

六、浙江永宁公园

永宁公园位于永宁江右岸，总用地面积约为 21.3 hm²。永宁江孕育了黄岩的自然与人文特色，堪称山灵水秀，自古以来为道教圣地，鱼米丰饶，盛产黄岩蜜橘；现代则有"小狗经济"之源、"模具之乡"等美誉。然而，人们当时没有善待这条母亲河。由于人为的干扰，特别是河道硬化和渠化，导致河流动力过程改变和恶化，水质污染严重，河流形态改变，两岸植被和生物栖息地被破坏，休闲价值损毁。永宁公园对黄岩的自然、社会和文化发展有重要意义，如何延续其自然和人文过程，让生态服务功能与历史文化的信息继续随河水流淌，是设计的主要目标。

（一）设计战略

1. 保护和恢复河流的自然形态，停止河道渠化工程

设计开展之初，永宁江河道正在进行裁弯取直和水泥护堤工程，高直生硬的防洪堤及水泥河道已吞噬了场地 1/3 的滨江岸线。实现设计目标的关键是能否立即停止正在进行的河道渠化工程。考察完场地后，设计组立即向当局最高领导提出了停止工程的建议，并向有关人员进行了一次系统的生态防洪和生物护堤介绍，列出河道渠化的危害。最终使当局认同了生态设计的理念，并通过行政途径停止了"水利工程"。

接着，进行了流域的洪水过程分析，得出洪水过程的景观安全格局，提出通过建立流域的湿地系统，与洪水为友，把洪水作为资源而不是敌人。在此前提下，用三种方式改造已经硬化的防洪堤：

（1）保留原有水泥防洪堤基础，在保证河道过水量不变的前提下，退后防洪堤顶路面，将原来的垂直堤岸护坡改造成种植池，并在堤脚面一

侧铺设亲水木板平台。

（2）保留原有水泥防洪堤基础，在保证河道过水量不变的前提下，放缓堤岸护坡，退后防洪堤顶路面，将原来的垂直堤岸护坡堆土改造成种植区，并在堤脚铺设卵石，形成亲水界面。

（3）保留原有水泥防洪堤基础，在保证河道过水量不变的前提下，放缓堤岸护坡，退后防洪堤顶路面，全部恢复土堤，并进行种植。

三种软化江堤的改造方式由东向西逐渐推进，与人的使用强度和城市化强度的渐变趋势相一致。剩余的西部江堤设计是在没有经过渠化的江堤上进行的，方式如下：

根据新的防洪过水量要求，保留江岸的沙洲和苇丛作为防风浪的障物，并保留和恢复滨水带湿地；完全用土来作堤，并放缓堤岸护坡至1：3以下；部分地段扩大浅水滩地，形成滞流区或人工湿地、浅滩，为鱼类等多种水生生物提供栖息地、繁育环境和洪水期间的庇护所；进行河床处理，造成深槽和浅滩，在形成的鱼礁坡上种植乡土物种，形成人可以接近江水的界面。

江堤的设计改变了通常单一标高和横断面的做法，结合起伏多变的地形，形成亦堤亦丘的多标高和多种断面设计，以及丰富的景观感受。

2. 营建一个内河湿地，形成生态化的旱涝调节系统和乡土生境

在防洪堤的内侧营建了一块带状内河湿地。它平行于江面，水位标高在江面之上，旱季则开启公园东端的西江闸，补充来自西江的清水；雨季可关闭西江闸，使内河湿地成为滞洪区。尽管公园的内河湿地只有2 hm² 左右，相对于永宁流域的防洪滞洪来说，无异于杯水车薪，但如果沿江能形成连续的湿地系统，必将形成一个区域性、生态化的旱涝调节系统。

这样的内河湿地系统不仅为乡土物种提供了一个栖息地，还创造了丰富的生物景观，为休闲活动提供场所。

3. 一个由大量乡土物种构成的景观基底

应用乡土物种形成绿化基底。整个绿地系统平行于永宁江，分布着如下几种植被类型：

（1）河漫滩湿地在一年一遇的水位线以下，由丰富多样的乡土水生和湿生植物构成，包括芦苇、菖蒲、千屈菜等。

（2）河滨芒草种群在一年一遇的水位线与 5 年一遇的水位线之间，用当地的九节芒构成单优势种群。九节芒是巩固土堤的优良草本，场地内原有大量九节芒杂乱无章地分布，可进入性较差。经过设计的芒草种群疏密有致，形成安全而充满野趣的空间。

（3）江堤疏林草地在 5 年一遇的水位线和 20 年一遇的水位线之间，用当地的狗牙根作为地被草种，上面点缀乌桕等乡土乔木，形成一个观景和驻足休憩的边界场所，其间设置一些座椅和平台广场。

（4）堤顶行道树结合堤顶道路，种植行道树。

（5）堤内密林带结合地形，由竹、乌桕、无患子、桂花等乡土植物构成密林，分割出堤内和堤外两个体验空间：堤外面向永宁江，是外向型空间，堤内围绕内河湿地形成一个内敛的半封闭空间。

（6）内河湿地由观赏性较好的乡土湿生植物构成如睡莲、荷花、菖蒲、千屈菜等。

（7）滨河疏林草地沿内河两侧分布，给使用者提供一个观赏内湖湿地和驻足休憩的边界场所。

（8）公园边界在公园的西边界和北边界，繁忙的公路给公园环境带来不利影响，为减少干扰，设计了由香樟等树种构成的浓密边界林带，使公园有一个安静的环境。

4. 水杉方阵——平凡的纪念

水杉是一种非常普通而不被当地人关注的树种，它们或孤独地伫立在水稻田埂之上，或排列在泥泞不堪的乡间机耕地旁，或成片分布于沼泽湿地和污水横流的垃圾粪坑边。设计通过方格网状分布的树阵，在一个自然的乡土植被景观背景之上，将水杉按5×5棵种在一个方台上，给它们一个纪念性的场所，彰显其高贵典雅。树阵或漂于水上，或落入繁茂的湿生植物之中，或嵌入草地，无论身处何地，独特的水杉个性均显露无遗。

5. 景观盒——最少量的设计

在自然化的地形和林地以及乡土植物所构成的基底之上，分布了八个5 m²的景观盒。它们是公园绿色背景上的方格点阵体系，融合在自然之中，构成了"自然中的城市"肌理。同时，野生的芦苇、水草、茅草等自然元素也渗透进入盒子，使体现人文和城市的盒子与自然达到一种交融互含的状态。这些盒子由墙、网或柱构成，以最简单的方式给人以三维空间的体验。

相对于中国古典园林中的亭，景观盒同样具有借景、观景、点景等功能，但亭的符号意义是外向的，盒子的符号意义是内敛的。因此，通过景观盒体验的是"大中见小"和"粗中见细"，相悖于中国传统园林中的"小中见大"。现代城市公园和自然地的大尺度和非精致要求用对比的手法来营造小空间和精致感，这就是采用景观盒的主要原因。

空间本身是带有含义的，盒子的尺度、色彩和材料以及盒子中的微景观设计，都传达了这种含义。它在两个层面上被赋予含义：第一个层面是直觉的，建立在人类生物基因上，是先天的，通过空间和构成空间的物理刺激所传达；第二个层面是文化的，可以通过文字和文化的符号传达。这两层含义都是本公园设计者想通过盒子来传达的。

在第一个层面上，盒子给人一种穿越感和在自然背景中对"人"的定义和定位。面对盒子，挑战和危险同时存在，由此产生美感：远望盒子时，它具有吸引人的诱惑力，因为里面潜藏着一个未知的世界，即所谓的可探索性或神秘性；当人迫近盒子时，这种可探索性和神秘性会急剧增强，并随之产生危险感，唤起紧张和不安的情绪；当突然跨入只有一墙之隔的盒子内时，一个外在者变成了内在者，探索者变成了盒子的拥有者和捍卫者，盒子变成了"领地"。这种"神秘—危险—安宁"的变化，是盒子穿越美感的本源。当然，作为公共场所，"危险感"的创造是以实际上的安全保障为基础的。所以，盒子的选址都是主要人流交通道路边或道路穿越之处。

在第二个层面上，作为一种尝试，设计者希望通过盒子来传达地域特色和文化精神。因此，八个盒子被赋予八个主题，分别是山水间、石之容、稻之孚、橘之方、渔之纲、道之羽、武之林、金之坊。

实际上，这种文化含义能否被理解并不重要，重要的是各个盒子因此产生不同的形式和体验，并显示了设计和文化的存在。从这个意义说，盒子就像黄岩盛产的模具，人一旦穿越了一个盒子，就接收了某种塑造人的信息或符号，它将永远附着在人脑中，成为塑造其未来状态的一种元素。

6. 延续城市的道路肌理，最便捷地实现公园的服务功能

公园是为市民提供生态服务的场所，因此，公园不应该是封闭式的，而应该为居民提供便捷的进入方式。为此，公园的路网设计是城市路网的延伸，当然机动车是不允许进入公园的边界以内的。直线式的便捷通道穿过密林成为甬道，越过湖面、湿地成为栈桥，穿越水杉树阵成为虚门，穿越盒子成为实门，并一直延伸到永宁江边，无论是游玩者还是行路者，都可以获得穿越空间的畅快和丰富的景观体验。

（二）效果

永宁公园于 2004 年 5 月正式建成开园，由于大量应用乡土植物，在短短一年时间内，公园呈现出生机勃勃的景象。设计之初的设想和目标已基本实现，2004 年夏天还经受了 25 年来最严重的台风破坏，很快得到了恢复。作为生态基础设施的一个重要节点和示范地，永宁公园的生态服务

功能在以下几个方面得到了充分的体现：

（1）自然过程的保护和恢复。长达 2 km 的永宁江水岸恢复了自然形态，沿岸湿地系统得到了恢复和完善，形成了一个内河湿地系统，对流域的防洪滞洪起到积极作用；

（2）生物过程的保护和促进保留滨水带的芦苇、菖蒲等种群，大量应用乡土物种进行河堤的防护，在滨江地带形成了多样化的生境系统。整个公园的绿地面积达到 75%，初步形成了物种丰富多样的生物群落。

（3）人文过程为广大市民提供了一个富有特色的休闲环境。无论是位于江滨的芒草丛中，还是横跨在内河湿地的栈桥之上，或是野草掩映的景观盒中，都可以看到人们快乐地享受着公园的美景和自然的服务。远山被引入公园的美术馆中，黄岩的历史和故事不经意间在公园中被传咏着、解释着。不曾被注意的乡土野草突然间显示出无比的魅力，一种关于自然和环境的新的伦理，犹如润物无声的春风细雨在参观者的心中孕育：爱护脚下的每一种野草，它们是美的；借着共同的自然和乡土的事与物，更便于人和人之间的交流。

永宁公园通过对生态基础设施关键地段的设计，改善和促进自然系统的生态服务功能，同时让城市居民充分享受到这些服务。

七、秦皇岛汤河公园

（一）项目区位

设计的地点汤河位于秦皇岛市区西部，因其上游有汤泉而得名。汤河公园就位于海港区西北，汤河下游河段两岸，北起北环路海阳桥，南至黄河道港城大街桥，该段长 1 km 左右，设计范围总面积约 20 万 m²。

（二）设计背景

通过分析发现，规划的地段植被茂密，水生和湿生植物丰富，为多种鱼类和鸟类生物的栖息地。然而，目前由于这一地带位于城乡接合部和缺乏管理，多处地段已成为垃圾场，污水流向河中，威胁水源卫生。随之，河道被花岗岩和水泥硬化，自然植被完全被"园林观赏植物"替代，大量的广场和硬地铺装、人工雕塑和喷泉等彻底改变了汤河生态绿廊。

通过场地的现状可以看出，这样缺少对场地原有生态条件、空间形态以及周边环境的分析与调查，不考虑现有水文过程、土壤条件以及植物群落的限制条件，直接进行人为的大肆改造，导致公园使用后问题百出。

从规划的地段可以看出，由于之前对设计结果缺少预评估，忽略对公园游憩项目类型、功能分区、道路走向的研究，因此建成后无人问津，造成设施的浪费。最后，缺少对场地地域特征的认知，对场地气候、地貌、植物类型不加以考虑，因此导致不同环境基底在同一景观的尴尬局面。

（三）整体构架

汤河公园显著的地理特点就是滨河建设，因此，所有景观单元基本上沿河设计。同时，在规划过程中也充分做到水体景观、植物景观、人工建筑景观的有机结合，达到视觉效果和使用功能的统一。

（四）设计理念

针对上述几个问题，如何避免对原有自然河流廊道的破坏，同时能满足城市化和城市扩张对本地段河流廊道的功能要求，成为要解决的关键问题。打破通常水利和园林工程的设计模式，不再走"硬化河岸，绿化、硬化路径与人为景观相隔离"的老路。景观设计中不追求豪华与离奇，而是将景观设计作为"生存的艺术"，以普通人的生存为重，倡导"寻常景观""大脚美学""足下文化与野草之美"。

（五）解决方法

1. 设计核心——绿林中的红飘带

绵延 500 多米的红色飘带由玻璃钢构成，造型变化依附着周边环境的影响而发生变化。在这样一个原生态的汤河河道设计了这样一条红色飘带，不仅是原生态环境和现代景观小品的和谐统一，而且满足了游人的多重功能需求。它可以是供游人休憩的座椅、夜间照明的草坪灯、植物栽培的种植池，还可以是游客游览园区的指示线。

红色飘带设计与周围绿色植物和蓝色水面形成强烈的视觉对比，激活了幽暗的绿地环境。红飘带的红色放在绿色背景中，重要的不是和谐，而是强烈地对比。红色给人以开朗和活力的感受。同时，红色也为公园融入更多人为因素，实现了动与静、自然与人文、古典与现代的统一。"红飘带"项目以蜿蜒自由的形式穿越自然状态的树林、园区，在不破坏原生环境的前提下，创造了一个线性、开放的公共空间。人们在这里体验环境、解释环境、感受环境的美好。

2. 规划区五个节点

在对秦皇岛汤河公园滨水区域进行设计时，运用多种多样的植物来体现公园的生态性，在进行秦皇岛汤河公园内部植物品种的选择时，多选用秦皇岛当地的乡土植物，这样的植物更加适应当地气候，也能够避免带来一系列环境问题，有助于生态保护。在植物景观设计时，会结合植物的特性以及公园内部的地势地貌进行富有特色的设计。在秦皇岛汤河公园景观植物选择时，会采用多种多样的观赏性花卉，也会根据这些花卉的花色、花期以及形态进行多样化的摆放安排及设计，充分发挥秦皇岛汤河公园内部场地的景观特性。同样，在植物景观设计过程中，会充分应用生态学知识，根据植物的生长特性营造不同的种植空间，从而提升景观效果，实现秦皇岛汤河公园内部自然景观与生态景观的充分融合。

汤河公园分别以五种乡土野草为主题。乡土的狼尾草、须芒草、大油芒、芦苇、白茅是每个节点的主导植物。同时，每个节点都有一个造型天棚。网架上局部遮挡起来，形成了虚实变化，具有遮阴、挡雨的功能。

设计师规划了每个区域的植物配置。沉水植物带：狼尾藻、金鱼藻；浮水植物带：金眼莲花、野菱；挺水植物带：狼尾草、须芒草、大油芒、芦苇、白茅；陆生植物带：水杉、刺槐、河柳等。

设计师对植物的合理配置种植在很大程度上在汤河公园的规划中产生积极作用：改善了水质（通过植物吸收利用污水中的营养物质，过滤、吸附和富集重金属和一些有毒物质）；为根区好氧微生物提供了氧气，为各种生物化学反应的发生提供适宜的氧化还原环境；增强和维持介质的水利传输；围合空间、美化环境，在景观竖向的规划上增加了层次。创造一种以低碳城市、野草之美和低维护成本为特点的新的美学：大脚美学。

第二节　国外生态园林设计案例

一、城市景观之雪铁龙公园

雪铁龙公园（Parc Andre Citroen）位于巴黎市西南角，濒临塞纳河，是利用雪铁龙汽车制造厂旧址建造的大型城市公园。雪铁龙公园的周围城市环境比较复杂——过去这片工业用地与城市之间是隔离地带，没有很好地与城市衔接起来，到处显露着断裂的痕迹。

园址总体上为不规则形，呈"X"形布局的三块用地使人难以感受到其整体性。公园周围建筑造型各异，在平面布局、层高、风格、材料、色彩与外观上都缺乏整体协调感，这就给创造统一而开放的园林空间带来许多困难。

总体布局无论是在形式上还是在含义上均采用了一系列对应的手法，

空间上显得均衡、稳定，有着古典美。克莱芒与贝尔热负责设计公园的北部，主要有白色园、两座大温室、六座小温室和六条水坡道夹峙的序列花园以及临近塞纳河的运动园等；由普罗沃、维吉埃和若德里负责设计的公园南部包括黑色园和变形园、中央称为绿丛植坛的大草坪、大水渠以及边缘的山林水泽仙女洞窟等。

在空间布局上，首先借鉴了巴黎塞纳河边已有园林空间的处理手法，在园中央划出一个 100 m×300 m 的矩形大草坪，以此将公园与塞纳河联系在一起，而且在大草坪的四周环以狭窄的水渠，游人只能从两座石板桥上进入草坪。这种处理方式借鉴了法国传统园林中水壤沟的形式，使大草坪似乎漂浮在水面上，既明确并强调了草坪空间的边界，又避免了游人随意进入草坪，从而对草坪起到一定的保护作用，但是这无疑限制了草地上活动的游人量。雪铁龙公园垂直于塞纳河的几何形构图极具巴黎特色，与植物园、练兵场及荣军院广场相呼应。在像巴黎这样一个大都市中，开放性的草坪空间更易使人心旷神怡，吸引众多市民。

雪铁龙公园的空间布局有着尺度适宜、对称协调、均衡稳定和秩序严谨的特点，反映出法国古典主义园林的特点。平面布置采用既有集中又有分区的手法，从开阔无垠的视线到细微景致的处理，从大空间到小空间，大、小尺度相互重叠，逐渐变化，空间互相渗透。建筑与自然之间的协调性和一致性反映出建筑师与风景园林师之间观念上的难得一致及和谐。

雪铁龙公园的设计者希望用细腻的手法创造出一系列差异很大的空间，在整体上构成一个真正意义上的园林。法国传统园林是作为建筑与自然之间的过渡设计的，雪铁龙公园的设计者将这一观念加以发挥，从特定的城市环境出发，提出了公园空间序列构成的四原则，即自然、运动、建筑与人工。雪铁龙公园的设计特色实际上就在于如何处理这四个原则及其相互关系。每个分区都体现了这四个原则，只是随着各个分区地理位置的不同而各有偏重。

为了突出雪铁龙公园临近河流的特点，设计者将河边原有的城市干道改成400 m长的地下隧道，并且在铁路线上修建了100多米长的高架桥，使游人能够方便从公园行走到塞纳河边，公园与河流真正连接在一起。同时，设计者建设了丰富的水景，使其贯穿全园。不仅是公园的局部几乎都与水相联系，水景的表现形式也十分丰富，以人工化的处理手法表现自然中的雨、瀑、河、溪、泉等水景，有着比其自然状态更激动人心的效果。其中，既有像大水渠及水壕沟那样完全法国式的镜面似的静水景观，又有像序列花园中的水坡道那样富有意大利特色的系列跌水，以及像大温室之间的喷泉广场以80股高低错落的水柱构筑成古罗马宅园中的柱廊园那样的动水景致。洞窟与序列花园中水的主题更以抽象的方式得以表现，如硬质铺装模拟出的河流、河岸、海洋等变形处理手法，使园中水景变化多端。

雪铁龙公园是一个文化性公园，在其大量造园要素中隐含着深刻的文化含义，综合反映出西方文化的各个层面。当然，个人的文化程度与社会背景、洞察力、好奇心和敏感程度不同，对其文化及引申含义的理解程度也会有所不同。所谓"内行看门道，外行看热闹"，雪铁龙公园在表现方式上兼顾了不同游客的不同要求。设计者充分运用了自由与准确、变化与秩序、柔和与坚硬、借鉴与革新、既异乎寻常又合乎情理的对立统一原则，对全园进行统筹安排，雪铁龙公园继承并极大地发展了传统园林的空间等级观念，延续并革新了法国古典主义园林的造园手法。就像路易十四喜欢邀请外国使节参观凡尔赛园林并亲自介绍凡尔赛园林一样，雪铁龙公园的设计者也希望人们跟随导游参观这座公园，以便更好地理解其丰富的含义。

在雪铁龙公园中，直接体现生态学理念的是其对地域文化的传承。地域文化是当地人经过相当长的时间积累起来的，从生态角度来说，是和特定的环境相适应的，有着特定的产生和发展背景，以及当地人生存的文化。设计要适宜于特定的场所，适宜于特定区域内的风土人情及其传统文化，并反映当地人的精神需求与向往。雪铁龙公园根植于所处巴黎的特殊地理位置，综合考虑了法国古典主义园林和欧洲古典巴洛克园林的造园手法，在设计中以不同于传统的形象出现。从公园的总体布局到各个造园要素，如温室、大草坪、岩洞、大水渠以及植物配置等，都很好地借鉴了古典园林的手法。

二、城市景观之拉维莱特公园中的竹园

拉维莱特公园方案竞赛的获胜者、建筑师贝尔纳·屈米（Bernard Tschumi）1985年邀请谢梅道夫创作拉维莱特公园中的主题花园之活力园。谢梅道夫在接受这一邀请之后，仔细研究了屈米的拉维莱特公园总体设计思想，并且认真思考了"园林艺术"的创作思想：在拉维莱特公园序列景观中插入一个由下沉式空间形成的局部片段，园中布置象征自然的竹子和代表人工技术产品的混凝土，并使自然与人工有机地结合在一起。由于这个主题性小园完全采用竹类植物造景，因此人们又称之为竹园。拉维莱特公园的占地面积达到30 hm²，但是竹园只占其中的一小部分。谢梅道夫希望人们将竹园看作一处集展示、试验、生产与再生等各种思潮于一体的场所，其中园艺知识与工程技术既对立又统一，相互依存。

拉维莱特公园中的竹园设计着重表现了一种人工创造小气候的高超技巧。竹园向人们展示的是一个"小气候的舞台"，舞台上的表演者便是在巴黎非常少见的竹类植物。虽然竹园的植物景观看上去似乎比较单一，实际上园内种有30多个品种的竹子，变化丰富，完全可以称得上是竹子专类园。现在，竹园已成为好奇的巴黎市民跟随植物学家辨认竹子品种的理想场所，人们对各种竹子的细微不同表现出浓厚的兴趣。

竹园采用了下沉式园林的手法，创造出三维空间，以达到扩大视觉效果的目的。同时，低于原地面5 m的封闭性空间处理形成了园内适宜的小气候环境，使竹子这类南方植物能够在巴黎露地越冬。园中种植了高大的毛竹，竹梢伸出地面，游人在公园中很容易找到竹园，提高了竹园的标识性。

由于采用了沉床式花园结构，场址中原有的地下管道完全暴露出来。从将工程技术与景观效果结合起来的设计观点出发，将这些通常隐藏在地下的设施裹以沥青和混凝土，巧妙地使其成为园中的重要景观要素之一。这种展现在游人眼前的是与众不同的景观，达到了一种化腐朽为神奇的独特效果。

下沉式竹园的排水处理同样遵循着技术与艺术相结合的设计思想，顺理成章地在园边设置环形水渠，既解决了排水问题，又增加了园内的湿度，还是连接全园的景观带。

不仅如此，竹园的照明设计也体现了功能与美观融为一体的创作手法。设计采用类似雷达的锅形反射板，形成反射式照明效果。在将灯光汇聚并反射到园内的同时，将光源产生的热量一并反射到竹叶上，借此能够局部改善竹园中的小气候条件，有利于竹子生长。

为了突出竹园的原创性和艺术性特征，设计师谢梅道夫特地邀请了两位艺术家参与设计。其中一位艺术家是莱特奈尔，他借鉴意大利园林中的水剧场，在园内建造了一座声学建筑，被称为"声乐管"。他利用斜坡和竹林环绕的两段半圆形的、带有壁泉和格栅的墙壁，将风吹的哗哗声、竹叶的沙沙声和流水的潺潺声汇聚在一起，形成一座在此聆听自然之声的"音乐厅"。另一位艺术家是比恩，他采用抽象而又含蓄的手法，用卵石在园路上铺设了一段黑白相间的条带，与拉维莱特公园总体构图的方向感相一致，令人联想到投射在地面上毛竹的阴影，又使下沉式竹园与全园的构图相呼应。

三、郊野公园之巴黎苏塞公园

1979 年，巴黎北面的塞纳—圣德尼省（la Seine-Saint-Denis）组织了苏塞公园的方案竞赛，要求在城市边缘的农田上兴建一处面积达 200 km² 的大公园，为市民提供一处以植物群落为主的自然环境。园址位于城市近郊的平原上，地形平坦，一览无余，周边环境以大片耕地和水系等自然景观为主。水系包括萨维涅湖以及两条小溪——苏塞和华都。已有的设施包括数条高压电线、水塔、高速公路、铁路线和一个郊区快速列车站。

苏塞公园中最有特色的设计思想有两点：一是在过去用于防洪的蓄水池周边建沼泽景观；二是苏塞公园的种植工程。

（一）沼泽景观

苏塞公园沼泽地的土垒上原先种了27种栽种物，其中，有42种竹子是外来植物，加拿大伊乐藻和水龙这2种栽种物在法国已经乡土化。13年后，这片沼泽地中的外地植物达到了61种，其中的稳木和垂叶薹草这两种是由管理者引入的，其余植物都是自然生发的，其中两种柳类的出现主要得益于1986年竹子遭冰冻后重新划定的沼泽地和土垒。其间，原先栽种的植物有11种自然消失了。

如果说植物品种数量的自生演化是迅速而重要的，那么植物群落的演化结果几乎推翻了原先的种植设计。澳大利亚芦苹从栽种土垒中消失，取而代之的是黄菖蒲和千屈菜。一种薹草占据了那些最高的土垒，远离其原先的种植区域。同时，香蒲侵占了大量地盘。这种植物物种与植物群落的迅速演化源于几种现象：首先，借助水渠和流水得到更新的水量太少，造成水体的负营养化；其次，有大量动物物种在消耗植物群落并介入入侵物种的竞争，就像黄菖蒲和芦荟之间所发生的那样；最后，遭到冻害的竹子没有补种。

传统造林技术形成多岔路口式的园路、林中空地、丛林等，构成法兰西平原传统上的树林景观，除此之外，还得加上从1993年起采取的一些管理措施的影响，如割除水渠水草、手工拔草和对付水龙的化学除草，以及选择性地伐除一些自生的柳类植物。所有这些短期的并且是全凭经验的行动，不能使沼泽地恢复栽种之初的面貌，但是限制了植物迅速填满场地并且使群落生态环境趋于多样性。实际上，对管理者来说，保持甚至增加可以观察到的鸟类品种数量是非常重要的，到 1997 年，这里的鸟类已经达到 116 种。

（二）种植工程

种植工程首先从公园的边缘开始做起，以便确立公园的边界，避免在长期建设过程中公园用地遭到蚕食。塑料地膜这类新技术被用于种植设计，使种植的小树苗能够迅速生长。传统造林技术大量运用在公园的建设中，如多岔路口式的园路、林中空地、树篱、丛林以及处理采伐迹地的措施等，以期形成与周围树林类似的景观。

苏塞公园从 1981 年开始建设，当时种植的 30 万棵只有 30 cm 高的小树苗，尽管遭到野兔啃咬，但绝大部分成活下来的树木长势良好，现在已长成粗壮的树木了。公园的建设还在良好的组织下有序进行。

四、工业废弃地之北杜伊斯堡风景园林

公园坐落于杜伊斯堡市北部，成为这片旧厂区在生态学、经济学、社会学方面复兴的标志。现存的厂房和科技大楼被重新排列、重新演绎，传达着新的信息，它们已经成为景观的一个组成部分和自然的象征。

在规划之初，小组面临的最关键问题是这些工厂遗留下来的庞大的建筑和货棚、矿渣堆、烟囱、鼓风炉、铁路、桥梁、沉淀池、水渠、起重机等，能否真正成为公园建筑的基础，如果答案是肯定的，又怎样使这些已经无用的构筑物融入今天公园的景观之中。设计师彼得·拉茨的设计思想理性而清晰，他要用生态手段处理这片破碎的地段。

首先，上述工厂中的构筑物都予以保留，部分构筑物被赋予新的使用功能。

其次，工厂中的植被均得以保留，荒草也任其自由生长。工厂中原有的废弃材料也尽可能地利用。红砖磨碎后可以用作红色混凝土的材料，厂区堆积的焦炭、矿渣可成为一些植物生长的介质或地面的材料，工厂遗

留的大型铁板可成为广场的铺装材料。

最后，水可以循环利用，污水被处理，雨水被收集，引至工厂中原有的冷却槽和沉淀池，经澄清过滤后流入埃姆舍河。拉茨最大限度地保留了工厂的历史信息，利用原有的"废料"塑造公园景观，最大限度地减少了对新材料的需求，减少了对生产材料所需能源的索取。

在一个理性的框架体系中，拉茨将上述要素分成四个景观层：以水渠和储水池构成的水园、散步道系统、使用区以及铁路公园结合高架步道。这些景观层自成系统，各自独立而连续地存在，只在某些特定点上用一些要素如坡道、台阶、平台和花园将它们连接起来，获得视觉、功能、象征意义上的联系。

由于原有工厂设施复杂而庞大，为方便游人使用与游览，公园用不同色彩为不同区域做了明确的标识：红色代表土地，灰色和锈色区域表示禁止进入的区域，蓝色表示未开放区域。公园以大量不同的方式提供了娱乐、体育和文化设施。

独特的设计思想为杜伊斯堡风景公园带来颇具震撼力的景观，在绿色成荫和原有钢铁厂设备的背景中，摇滚乐队在炉渣堆上的露天剧场中高歌，游客在高炉上眺望，登山爱好者在混凝土墙体上攀登，市民在庞大的煤气罐改造成的游泳馆内锻炼娱乐，儿童在铁架与墙体间游戏，夜晚五光十色的灯光将巨大的工业设备映照得如同节日的游乐场……人们从公园今天的生机与十年前厂区的破败景象对比中感受到杜伊斯堡风景公园的魅力。这启发人们对公园的含义与作用重新思考。

五、工业废弃地之萨尔布吕肯港口岛公园

1985—1989年，在萨尔布吕肯市的萨尔河畔，一处以前用作煤炭运输码头的场地上，建造了对当时德国城市公园普遍采用的风景式园林形式的设计手法进行挑战的公园——港口岛公园。公园建成后立即引起广泛的争议，一些人热情洋溢地赞扬拉茨对当代新园林艺术形式所做出的探索和贡

献；另一些人坚决反对，认为那是垃圾美学，认为公园在材料、形式及表现手法上都非常混乱。拉茨的思想清晰坚定，他反对用以前那种田园牧歌式的园林形式描绘自然的设计思想。相反，他将注意力转到日常生活中自然的价值，认为自然是要改善日常生活，而不只为改变一块土地的贫瘠与荒凉。

港口岛公园面积约 9 hm²，接近市中心。"二战"时期这里的煤炭运输码头遭到破坏，除了一些装载设备保留了下来，码头几乎变成一片废墟瓦砾。直到一座高速公路桥计划在附近穿过，港口岛作为桥北端桥墩的落脚点，人们才将注意力转到这块野草蔓生的地区。拉茨采取对场地最小干预的设计方法。他考虑了码头废墟、城市结构、基地上的植被等因素，首先对区域进行了景观结构设计，目的是保持区域特征，并且通过对港口环境的整治，再塑这里的历史遗迹和工业的辉煌。在解释自己的规划意图时，拉茨写道："城市中心区将建立一种新的结构。它将重构破碎的城市片段，联系它的各个部分力求揭示被瓦砾所掩盖的历史，结果是城市开放空间的结构设计。"拉茨用废墟中的碎石在公园中构建了一个方格网作为公园的骨架，他认为这样可唤起人们对 19 世纪城市历史面貌片段的回忆。这些方格网又把废墟分割成一块块小花园，展现不同的景观构成。原有码头上重要的遗迹均得到保留，工业的废墟，如建筑、仓库、高架铁路等都经过处理，得到很好利用。

公园同样考虑了生态因素，相当一部分建筑材料利用了战争中留下的碎石瓦砾，成为花园不可分割的组成部分，与各种植物交融在一起。园中的地表水被收集，通过一系列净化处理后得到循环利用。新建部分多以红砖构筑，与原有瓦砾形成鲜明对比，具有很强的识别性。在这里，参观者可以看到属于过去的和现在的不同地段，纯花园的景色和艺术构筑物巧妙地交织在一起。

六、工业废弃地之西雅图油库公园

1906 年，在美国西雅图市联合湖北部的山顶，西雅图石油公司修建了一座主要用于从煤中提取汽油的工厂。1920年，这家工厂转为从石油中提炼汽油。几十年来，附近居民不得不忍受工厂排放的大量污染物对环境造成的巨大破坏。1956年，由于铺设了一条天然气供应干线，这座庞大的工厂被废弃了。西雅图市政府十分重视环境保护工作，鉴于旧炼油厂所在地的生态环境质量极差，严重缺乏绿色空间，市政府决定买下工厂的所在地块位置重要的河边峭壁上的10 hm² 土地，将它改建为城市中央公园。1970年，市政府委托理查德·哈格设计事务所负责该地的改建工作，包括进行场地分析，制定规划纲要、总体规划以及实施方案。

从看到在充满油渣的沼泽中的旧工厂建筑物开始，哈格就感到他应该做的事情不是立即调查地形，而是寻觅历史的痕迹。他彻底检查了所有破旧的铁塔，并在所有自己感兴趣的地方驻足体会，甚至将自己的工作室搬到工厂中，在那里工作和休息。他逐渐产生了一种设想：应该保护一些工业废墟，包括一些生锈的、被敲破的工业用品和被当地居民废弃多年的工业建筑物，以作为对过去工业时代的纪念。

西雅图市政府对哈格的设想非常支持，他们制定的政策不但没有限制哈格对旧炼油厂现存建筑设施重新利用的计划，而且批准了他的土地再生利用方案。旧炼油厂的土壤毒性很高，以致不适宜于任何用途。哈格没有采用简单、常规的用无毒土壤置换有毒土壤的方法，而是采用了一个史无前例的方法净化土壤。他利用细菌净化土壤表面现存的烃类物质，这样还减少了投资。炼油厂公园由七个风格迥异的地区组成，分别是：北部盆地的大草地、儿童娱乐场、南部的日光草坪、由南至北排列的炼油厂设备废墟、西部的斜坡、大型的人造土山和北部开敞的乡村。另外，北部建有一座停车场。所有地区都有边界，北部用人造土丘和浓密的雪松林遮蔽停车场和附近的公路。从远处看，绿色草地上的黑色铁塔轮廓清晰，十分醒目，以明亮的拼贴画一般的海岸线为背景，构成了具有人类工业活动寓意的轮廓。

公园内所有空间都有它们自己的特色，带给观光者不同的感受。实施方法的简单、装点的朴素和总体设计上的明快，促使整个公园具有非同寻常的吸引力。设计者为了选择保护对象特征可谓煞费苦心。设计师将这些工厂设施精心处理后，分散布置于公园各处，并为参观者保留了自由活动空间。位于公园西部的人造土山，增加了地形的起伏，从而便于参观者观看联合湖和城市的地平线。

西雅图的炼油厂公园是世界上对工业废弃地恢复和利用的典型案例之一。它的地理位置、历史意义和美学价值使该公园及其建筑物成为人类对工业时代的怀念和当今对环境保护关注的里程碑。除了在纪念工业时代方面的成功之外，该公园在丰富城市居民的生活方面也取得了相当大的成功。每年有 30 多万游人在此集会，庆祝 7 月 4 日美国独立纪念日，观看联合湖上壮观的焰火表演。放风筝、举行音乐会、公众聚会或者儿童游玩等广泛活动的开展，使炼油厂公园成为西雅图市民最佳的休闲、娱乐场所之一。

七、工业废弃地之海尔布隆市砖元厂公园

1995 年，德国海尔布隆市在原来的废弃砖瓦厂上建成了一座砖瓦厂公园。

它的主要设计者是德国景观设计师、建筑师鲍尔。海尔布隆市的砖瓦厂由于债务原因，在开采 100 余年的黄黏土后，于 1983 年倒闭。该市在 1985 年购得了这片近 15 km² 的废弃地，目的是将它变成一个公园。1989 年举办了设计竞赛，鲍尔获得一等奖，景观设计师斯托泽尔获得二等奖。1990 年，市政府委托鲍尔负责总体规划及公园东部的设计，斯托泽尔负责公园西部的设计。

从生态角度看，该公园的地段是非常有价值的。经过工厂停产至建园 7 年的闲置，基地的生态状况已经大为好转，一些昆虫和鸟类又回到这里栖息，有些还是稀有的濒危物种。鲍尔面临的中心问题是：如何在工业废弃地上建造新的景观，从而创造新的生态和美学价值，形成新的有承载

力的结构，满足人们的休闲需要，同时不破坏七年闲置期所形成的生物多样性与生态平衡。鲍尔决定建立一个混合式公园，包括为市民提供运动与体育锻炼的部分，保护原有砖瓦厂历史痕迹的区域，以及野草与其他植物自生自灭的区域等。

鲍尔谨慎地遵循基地特点，尽量减少对地形地貌的改造，基地的自然特征和人工特征都被保留下来，并经过设计得到强化。设计没有把砖瓦厂与景观的矛盾掩饰起来，而是将砖瓦厂与景观两者结合，形成新的生态综合体，成为吸引人的生活空间。以往砖瓦厂的痕迹正是公园的独特个性。砖瓦厂的废弃材料也得到再利用。砾石作为路基或挡土墙的材料，或成为土壤中有利于渗水的添加剂，而石材砌成了干墙，旧铁路的铁轨则作为路缘。工厂停产后，一面大约高 15 m 的砖瓦厂取土留下的黄黏土陡壁成为多种生物栖息的场所，是公园内的重要标志之一。1991 年，这片黄黏土陡壁成了自然保护地。鲍尔在土壁前设计了宽 50 m 的绿地，形成一块遗迹生态保护区，使物种与景观的多样性得到严格保护。保护区外围有一条由砖厂废弃石料砌成的挡土墙，把保护区与公园分隔开。

公园的中心是一个 1.2 hm² 的湖，这是公园中最吸引人的地区。湖岸有自然式的，也有人工建造的。岸边有沙滩、戏水广场和活动草坪。湖水源头在戏水广场后的小山。湖西岸种植了大量湿生和水生植物。鲍尔在湖边设计了一座桥和一个船头状的平台。设计有意识地将园外古老的水塔组织到公园的视景线中，让水塔成为公园美妙的借景。公园西部由斯托泽尔设计，以自然植物景观为主，有杨树广场、砂石堡等。

在 20 世纪 80 年代，这里还是砖瓦厂等工业建筑；如今已成为动人的自然景观和市民公园，受到不同阶层人士的喜爱。

八、建筑外环境之奥格斯堡巴伐利亚州环保部大楼

德国巴伐利亚州环保部新楼位于奥格斯堡市南部，占地 5 hm²，由三座东西向的长条形主楼组成，并在东西两侧与南北向的附楼相连接。

建筑由威默事务所设计，外部环境由瓦伦汀事务所瓦伦汀教授主持设计。该设计主要彰显了以下设计理念。

（一）维护自然界本身的缓冲和调节功能

生态设计的关键之一就是要把人类对环境的负面影响控制在最低程度。因为自然界在其漫长演化过程中形成了自我调节系统，能自行维持生态平衡。其中，水循环、植被、土壤、小气候、地形等因素在这个自我调节系统中起重要作用。在规划设计中，应该因地制宜，利用原有地形及植被，避免进行大规模的土方改造，尽量减少因施工对原有环境造成的负面影响。

在总体规划设计中，设计师把建筑用地控制在最小比例，建筑用地只占总用地面积的 20%；35% 用作交通用地，其中一半是露天停车场和附属维修用地；其余 45% 为绿地。对 60% 的屋顶进行绿化，使其发挥绿地功效，露天停车场种植高大冠密的落叶乔木，以调节地面温度。

根据具体情况对交通用地地面材料进行选择。对地下水源可能产生污染的地段，如附属维修用地及主要车行道采用硬质材料，通过地面排水管道系统向地下排送雨水，并且在排水管出口设置过滤装置，防止地面油污污染地下水源。交通用地总面积的 20% 左右为硬质地面，60% 为半硬质地面，15% 为软质地面。

（二）为动植物创造出丰富多样的生存空间

在最大限度保护好原有生境条件的前提下，根据具体情况创造出不同的小生境，丰富植物群落景观。设计师在有限的空间内共设计了 10 种不同的草地群落景观。运用碎石、卵石或块石矮墙分隔组织空间，矮墙是经钢丝网加固定形、石料填充而成，极尽自然之美，其中，空隙又能为昆虫和小型爬行动物提供良好的栖息空间。根据不同立地条件选择本地植物，形成多样的地带性植物群落景观。

1. 草地景观

奥格斯堡地区历史上的典型植被为平坦的牧场草地。与之相适应，设计师根据立地条件选择不同的乡土草种进行种植，形成主要的植被景观，其面积占整个绿化面积的 70%。边缘地带由于多为砂质土壤，土壤养分贫乏，故种植耐干旱的草种。

建筑物附近土壤经过改良，可利用雨水渗透系统种植多花且喜湿的植物。在该区总共形成了十种不同的草地植物群落，它们的生长和演替情况将为环保部门的科研人员提供第一手资料。

2. 植被自然演替理念

10% 的绿地保留了原有的地带性植被群落，对该区的设计理念是优先保护好原有的生境条件，如土质、土壤湿度、日光照度，使原有群落演替进程不受施工影响，照常进行。

设计师还巧妙地运用占地 2 000 m³ 的太阳能储蓄池，作为植被演替的试验场，由于储蓄池表面由不同的石质土（花岗岩、玄武岩、石灰石及砂石等）组成，为植物生态学家提供了不同的耐干旱贫瘠等极端生境条件件，便于选择特殊植物种类。

（三）节约原材料，减少能源消耗

设计师经过合理分析和精确计算，使停车场面积比原定指标节省了10%。在施工中尽量采取简单而高效的措施，多选用本地建筑材料，对施工过程中报废的材料进行分类筛选，化腐朽为神奇，既节省原材料，又能产生令人惊奇的艺术效果。如：在主要出入口处，设计师利用报废的混凝土预制板创作出类似中国山石盆景的园林小品，极具情趣。

在道路建设中，基层材料多采用土石方工程中挖出的碎石料。屋顶绿化中所用的土壤一般来自施工中挖出的表层土。总长约 1 300 m 的矮墙中 40% 的卵石和碎石来自土石方工程，25% 的矮墙材料是建筑施工中的废料，大约有 200 m³。

在种植设计上，设计师多选择地带性乡土植物，使其形成一个生长良好而稳定的生态群落，大大减少正常养护管理的费用及工作量（洒水、施肥等）。这部分绿地占总面积的 90% 左右。设计师合理利用雨水，使其作为主要的灌溉及水景资源，从而减少水资源浪费。

（四）地表水循环设计理念

充分利用天然降水，使其作为水景创作的主要资源。尽量避免硬质材料作为地面铺装，最大限度地让雨水自然均匀地渗入地下，形成良好的地表水循环系统，以保护当地的地下水资源。该区 90% 的屋面和 80% 的地面排水可通过处理均匀地渗入地下。

对硬质地面，如主要道路或水泥铺面，利用地面坡度和设置雨水渗透口使雨水均匀地渗入地下。半硬质地面，如镶草卵石、块石铺面，雨水可以直接渗入。屋面雨水大部分（60% ~ 70%）通过屋面绿化储存起来，经过蒸腾作用向大气散发，其余部分则经排水管系统向地面渗透或储存，并为水景创作提供主要水源。水景集中在三座主楼形成的院落之间，为了使其各具特色，设计师采用不同的处理方法，前提是水要取之于天然降水，这些水景的形式和容积是通过对屋面雨水的蓄积量计算设计的。建筑的 2/3 屋面进行了屋顶绿化，约有 30% 的屋面雨水日常能保持在 600 mL 左右，这就为院落总水景设计提供了重要参数。

设计师没有在北边的院落做水池或水渠，而是设计了一个雨水自然渗透系统，让屋面雨水自然而均匀地流到地面，以形成一个半湿润的小生境，并配植桦木林灌丛，形成具有自然特色的院落景观。设计师在中间院落设计了一个长约 100 m 的水渠，其间种植乡土草本植物和农家果林，极具地方特色。

在南边院落，设计师设计了一组别具情趣的水池组合。每个水池的容积均为 90 m³，其间由一个水池连接，且每个水池有高差变化，每当雨水充足时，可形成小瀑布景观，动静有致。水池中还留有种植池，种植不同的水生植物。

九、动态花园

《动态花园》是法国风景园林师吉尔—克莱芒的著作，书中收集了他多年来潜心研究的心得和成果。出身于农学和园艺学的吉尔·克莱芒是一位造诣很深的植物学家。他一反法国传统园林将植物仅仅看作绿色实体或自然材料的建筑式设计理念，而是将自然作为园林的主体来看待，研究新型园林的形态。他认为，人们过去建造的那些花园实际上和建筑一样，是对人类征服自然的一种炫耀。在城市中出现了弃地或荒地，被看作人类对自然失去了控制能力或人类征服自然能力的退却，这一观点遭到公众的强烈不满。人类在其发展过程中不断迁徙，而植物也是如此。自然将运用它的所有能力使一片荒弃地成为各种迁徙植物的竞争之地。传统园林实际上上演了一场自然与人类相互作用的游戏。而新型园林应该是减少，甚至没有人类的参与而形成的真正自然的场所。

在吉尔·克莱芒看来，"荒地"意味着自然曾经不间断劳作的地方，是极其富有生气的场地，因为它始终处于充满活力的状态。荒地实际上是一处完全得益于大自然恩赐的土地。为了使这一观点具体化，克莱芒在自己家乡克勒兹的一个山谷中居住了十几年，将一片荒地作为实现他设计理念的实验地，营造理想中的新型花园。在这片荒弃的土地上，几十种类型的植物在生存、竞争，形成不断变化和发展的植被。

动态花园的设计理念完整地体现在 20 世纪 90 年代初期建成的巴黎安德烈·雪铁龙公园之中。在雪铁龙公园中有一个主题花园，就叫"动态花园"，由野生草本植物精心配置而成。吉尔·克莱芒没有刻意地养护管理那些野生植物，而是接受它们并给它们定向，使其优势得以发挥，营造优美独特的园林景观。野生植物的生长变化完全处于设计师的掌握之中。

动态起伏是克莱芒设计作品的风格，也是他着重论述的方式方法，自然或人工植物是他创作的主要素材，而丰富的知识和生活阅历是其作品宝贵的源泉。

滨海博物馆在法国南部地中海沿岸，位于拉瓦杜和圣托贝两市之间一处称为海尤尔的地方。这里自然景观独特、生态资源丰富。保护该地区丰富的生态资源和优美的海岸景观成为景观设计面临的重大课题。馆内的外来植物如桉树、棕榈、金合欢等，经多年引种驯化，完全适应当地的生长条件，应对其进行保护和补充。为了营造更新、更丰富的园林景观，滨海博物馆作为业主，邀请吉尔·克莱芒作为项目主持人，负责规划的进一步实施。吉尔·克莱芒以其多年的研究心得和丰富的旅行阅历，对适应地中海气候条件的全球类似区域的大量植物资源有相当深刻的了解，在此基础上提出了应补充的植物景观类型。在吉尔·克莱芒看来，海尤尔领地景观的再现，就如同一片熟地，经过一场大火的焚烧之后，许多乡土植物逐渐出现，呈现出具有返祖性的景观特色。那些具有惊人适应能力的植物会很快在火烧迹地上重新生长起来，形成先锋植物群落。面对各种外来植物的入侵，植物群落在竞争中演替，直至新的熟地出现。克莱芒所要营造的新型花园实际上是一片充满自然竞争、不断发展演变的场所。他更加关心的是科学与景观之间的关系问题。正像克莱芒所说的："火烧作为潜在的景观管理的工具，人们应将其看作一种'生物'现实。生物现实证明地球上的所有过客是在不断发展变化的。"自然在演变中发展，花园是演变中的过客，关注自然演变的规律，就是吉尔·克莱芒新型花园理念的核心内容。

第七章　园林生态系统评价 与可持续发展

第一节　园林生态系统评价

生态系统状态在当代生态系统管理中很重要。一个健康的生态系统将不受"生态系统胁迫综合征"的影响，能够自我维持、提供一系列的服务，如贮存水分、生产生物资源等。众多学者对生态系统状态给出了不同的定义，其中包括生态系统生理、人类健康、社会经济、伦理道德等方面。许多定义是基于胁迫对生态系统健康的影响，强调胁迫的时空累积性，而有些则基于自我压力，强调其与特殊胁迫有关的风险。还有一些人用"健康"以外的术语，如"整合性"，来评价在胁迫状态下的生态系统变化。

科斯坦萨（Costanza）这样定义生态系统健康：如果一个生态系统是稳定和持续的，也就是说，它是活跃的，能够维持它的组织结构，并能够在一段时间后自动从胁迫状态恢复过来的话，这个生态系统就是健康的和不受胁迫综合征影响的，并把生态系统健康概念归纳如下：健康是生态内的稳定现象；健康是没有疾病的；健康是多样性或复杂性的；健康是稳定性或可恢复性的；健康是有活力或增长的空间；健康是系统要素间的平衡。他强调生态系统健康恰当的定义应当是将以上六个方面结合起来。

笔者认为，生态系统健康是一门研究人类活动、社会组织、自然系统的综合性科学，其具有以下特征：①不受对生态系统有严重危害的生态系统胁迫综合征的影响；②具有恢复力，能够从自然的或人为的正常干扰中恢复过来；③健康是系统的自动平衡，即在没有或几乎没有投入的情况下，具有自我维持能力；④不影响相邻系统，也就是说，健康的生态系统不会对别的系统造成压力；⑤不受风险因素的影响；⑥在经济上可行；⑦维持人类和其他有机群落的健康，不仅包括生态学的健康，而且还包括经济学的健康和人类的健康。

生态系统健康的概念可以扩展到园林生态系统。健康的园林生态系统不仅意味着提供人类服务的自然环境和人工环境组成的生态系统的健康和完整，也包括城市人群的健康和社会健康，为城市生态系统健康的可持续发展提供必要条件。因此，了解园林生态系统的健康状况，找出其胁迫因子，提出维护与保持园林生态系统健康状态的管理措施和途径是非常必要的。

一、评价指标体系建立原则

在建立生态系统健康评价指标体系之前，应该确定指标选择原则。生态系统健康评价指标涉及多学科、多领域，因而项目种类繁多，指标筛选必须达到三个目标：一是指标体系能够完整准确地反映生态系统健康状况，能够提供现代的代表性图案；二是对生态系统的生物物理状况和人类胁迫进行监测，寻求自然压力、人为压力与生态系统健康变化之间的联系，并探求生态系统健康衰退的原因；三是定期为政府决策、科研及公众要求等提供生态系统健康现状、变化趋势的统计总结和解释报告。园林生态系统在人类干扰和压力下表现出整体性、有限性、不可逆性、隐显性、持续性和灾害放大性等重要特征。生态系统健康指标体现生态系统的特征，反映区域生态系统健康变化的总体趋势，指标选择的原则概括如下：

（1）科学性原则。任何生态系统健康评价的指标体系必须能真实反映园林生态系统的健康状况，能准确反映评价目标与指标之间的关系，指标体系要大小适宜，要保证评价结果的真实性和客观性。

（2）动态性和稳定性原则。园林生态系统的发展不是一成不变的。客观上指标体系需要具有动态性，要能够适应不同时期园林生态系统的发展特点，在动态过程中描述园林生态系统健康状况，即不仅要反映园林生态系统健康的现状，还要能对未来的健康状况进行预测。园林生态系统总是随着时间的变化而变化，并与周围环境及生态过程密切联系。生物内部、生物与周围环境相互联系，使整个系统有畅通的输入、输出过程，并维持一定范围的需求平衡。

（3）层次性原则。即根据评价需要和园林生态系统的复杂性，鉴于科学分析，将指标体系分解为若干层次结构，使指标体系合理、清晰，便于分析，这也是运用层次分析法的基础。因此，指标体系通常由3～4层构成，越往上，指标越综合；越往下，指标越具体。

（4）可操作性、简明性原则。指标体系要以科学为依据，并力求简便，选用容易取得、便于计算等指标，并且数据量充足，对指标进行数据采集，要尽量节约成本，以尽可能少的输入取得尽可能多的信息量。指标体系的设计要充分考虑到各个因素之间的相互影响关系，不能孤立地进行研究。纯理论意义的指标体系没有意义，是否筛选出切实可行的指标，对于这一指标体系能否普及起着举足轻重的作用。指标的确定必须遵循可操作性原则。在选取评价指标时，应综合考虑中国经济发展水平，不论是在人力还是物力方面，都应与我国目前的生产力水平相适应，还要兼顾各个技术部门技术能力的提高。以确保评价指标准确完整，指标应是可测评的，数据应方便统计与计算，数据量充足。

（5）系统全面性、整体性原则。没有哪一个生态环境问题是孤立存在的，生态系统内及各系统间都是互相联系、互相影响的。目前，对园林生态系统的研究大多集中在其生态结构上，忽略了其生态过程和动态特征。在对上述问题进行阐述时，一定是生物的、物理的、社会经济与人类健康的结合。因此，在对园林生态系统进行评估时，应该以"生态安全"为目标导向，把生态效益作为核心价值取向。园林生态系统的健康指标应该能够反映该地区的社会、经济、资源和环境等方面的情况，生物及其他各方面基本特点，综合体现了生态系统的服务功能。园林生态系统健康评价指标体系涵盖范围应较广，能在最大程度上体现园林生态系统的健康状况。

（6）可比性原则。由于各个地区自然条件及社会经济发展水平各不相同，各区域之间存在着较大差异，因而其生态系统健康状况也不尽相同，这就要求人们必须根据实际情况选择合适的生态指标体系和计算方法。生态系统健康的评估是一个漫长过程，获得的数据与信息，不论从时间或空间，均应有可比性。所以，所用指标在内容与方法上应该是统一的、标准的，不但可以评估特定的生态系统，并且应适用于不同地域、各时间尺度生态系统之间健康状况对比。

（7）多样性原则。园林生态系统结构复杂，生物多样性对于生态系统具有重要的意义，为生态系统适应环境变化提供了依据，更是生态系统稳定与功能优化之根本。保持生物多样性在园林生态系统评估中起着举足轻重的作用。

（8）可接受性原则。要使指标体系的指标能被多数人所了解或认可，特别是较重要的那些指标。

（9）人类作为生态系统构成原理。人在园林生态系统中所占比例较大，人类社会实践给园林生态系统带来了极大的冲击。

（10）定性和定量结合的原则。指标体系应做到定性和定量结合，主要是定量评价指标，但是，鉴于指标体系所涉及的范围较广，阐述了现象的复杂性，不能实现直接量化，不可避免地需要使用一些带有主观评价性质的定性指标。

二、园林生态系统健康的具体评价标准

在生态系统健康提出之后，评价标准一直是生态系统健康评价面临的最大难题之一。沙伊夫（Schaeffe）和考克斯（Cox）提出了生态系统功能的阈值，认为人类对环境资源的开发利用和社会经济的发展不能超过此阈值。目前，在具体操作中，所谓健康的生态系统，就是未受人类干扰的生态系统，即在同一生物地理区系内寻找同一生态类型的未受或者少受人类干扰的系统。但在当今人类足迹几乎遍及生物圈各个角落的前提下，这恐怕是难以做到的。另外一条途径是从被评价系统的历史资料中获得在较少受到人类干扰条件下的状态描述作为健康参照系。然而这种方法仍然是有缺陷的：一是在具有该历史资料的时期，被评价系统是否已受到一定程度的影响难以确定；二是这种历史资料的获得往往是有限的。总之，如何建立一个更合理的评价标准和参照系仍需要进行大量的工作，并有待于从新的角度开拓思路。

科洛（Calow）认为，生态系统不存在健康标准，即最佳状态。拉波特（Rapport）承认最优化概念在生态系统水平无效，但健康的生态系统可以定义为长期的持续性，但不是一般控制论意义上的稳定状态。生态系统健康标准可以通过这些状态特征和过程来确定，通过将原始和受损生态系统特征的研究相结合而完成。实际上，生态系统本身不存在健康与否的问题，之所以关注生态系统健康，是因为生态系统只有处于良好状态才能为人类提供各种服务功能。

以上论述的是一般自然生态系统健康标准问题。而关于园林生态系统健康的标准，因园林生态系统自身就是受人类活动改造和影响的人工生态系统，所以不能依据上述自然生态系统健康标准来类推园林生态系统健康标准。

为了对园林生态系统健康与否做出准确的评价，必须根据园林生态系统健康概念来制定相应的标准，并围绕这个标准派生出各种健康状态。

绝对健康的生态系统是不存在的，健康是一种相对的状态，它表示生态系统所处的状态。相关研究人员总结出生态系统健康的标准，主要包括活力、恢复力、组织、生态系统服务功能的维持、管理选择、外部输入减少、对邻近生态系统的影响及人类健康影响 8 个方面，作为园林生态系统健康的评估，最重要的是活力、恢复力、组织结构及生态系统服务功能的维持、人类健康 5 个方面。

（1）活力。活力是指能量或活动性，即生态系统的能量输入和营养循环容量，具体指生态系统的初级生产力和物质循环。在一定范围内，生态系统的能量输入越多，物质循环越快，活力就越高。但这并不意味着能量输入多、物质循环快的生态系统更健康，尤其对水生生态系统来说，高能量输入可导致富营养化效应。

（2）恢复力。恢复力为自然干扰的恢复速率和生态系统对自然干扰的抵抗力，即胁迫消失、系统克服压力及反弹恢复的容量，具体指标为自然干扰的恢复速率和生态系统对自然干扰的抵抗力。一般认为，受胁迫生态系统的恢复力弱于不受胁迫生态系统的恢复力。

（3）组织结构。组织结构即系统的复杂性，可以用生态系统组分间相互作用的多样性及数量、生态系统结构层次多样性、生态系统内部的生物多样性等来评价。一般情况下，生态系统的稳定性越高，系统就越趋于稳定和健康。但在很多特殊情况下，如外来物种的侵入在生态系统物种数增加的同时，使系统的稳定性降低，严重时甚至会导致系统崩溃。这一特征会随生态系统的次生演替而发生变化和作用。具体指标为生态系统中对策种与非对策种的比率、短命种与长命种的比率、外来种与乡土种的比率、共生程度、乡土种的消亡等。一般认为，生态系统的组织能力越复杂，生态系统就越健康。

（4）生态系统服务功能的维持。这是人类评价生态系统健康的一条重要标准。生态系统服务功能是指生态系统与生态过程所形成及所维持的人类赖以生存的自然环境条件与效用。科斯坦萨（Costanza）等将生态系统的商品和服务统称为生态系统服务，将生态系统服务分为气体调节、气候调节、水调节、控制侵蚀和保持沉淀物、土壤形成、食物生产、原材料、基因资源、休闲、文化等 17 个类型。生态系统服务功能一般是指对人类有益的方面，一般包括有机质的合成与生产、生物多样性的产生与维持、调节气候、营养物质储存与循环、环境净化与有毒有害物质的降解、植物花粉的传播与种子的扩散、有害生物的控制、减轻自然灾害、降低噪声、遗传、防洪抗旱等，不健康生态系统的上述服务功能的质和量均会减少。

（5）管理选择。健康生态系统可用于收获可更新资源、旅游、保护水源等各种用途和管理。退化的或不健康的生态系统不具有多种用途和管理选择，而仅能发挥某一方面功能。

（6）外部输入减少。健康的生态系统为维持其生产力所需的外部投入或输入很少或没有。因此，生态健康的指标之一是通过减少外部额外物质和能量的投入来维持其生产力。一个健康的生态系统具有虽减少每单位产出的投入量（至少是不增加）但不增加人类健康的风险等特征，所有被管理的生态系统依赖于外部输入，健康的生态系统对外部输入（如肥料、农药等）的依赖会大量减少。

（7）对邻近系统的破坏。许多生态系统是以别的系统为代价来维持自身系统的发展的。健康的生态系统在运行过程中对邻近系统的破坏为零，而不健康的系统会对相连的系统产生破坏作用，如废弃物排放、农田物质（包括养分、有毒物质、悬浮物）流失等进入相邻系统，造成胁迫因素的扩散，增加了人类健康风险等。

（8）对人类健康的影响。生态系统的变化可通过多种途径影响人类健康，人类的健康本身可作为生态系统健康与否的直接反映。与人类相关且对人类不良影响小的生态系统为健康的生态系统，其有能力维持人类的健康。

三、园林生态系统健康评价的方向

对园林生态系统健康的综合评价可以从 4 个方面入手：生物学范畴、社会经济范畴、人类健康范畴、社会公共政策范畴。这四方面应综合在一起，构成一个完整的体系。对园林生态系统的健康评价，既要从个体角度独立分析，也要对整体进行综合评价。

（1）生物学范畴。从生物学角度评价园林生态系统健康涉及物质循环、能量流动、生物多样性、有毒物质的循环与隔离、生物栖息地的多样性等方面。特别是生态系统失调症状的表现，如初级生产力下降、生物多样性减少、短命生物种群的增多及疾病暴发率上升等。

（2）社会经济范畴。该范畴着眼于一个完全不同的方面，即生态系统与人类社会的关系。生态系统的健康与否直接关系经济发展，直接或间接地影响人类社会的福利，且部分体现了全球经济价值。经济的发展对地球生态系统带来了很大的压力，甚至起到破坏作用，而由于生态系统弹性下降引起的害虫暴发、作物减产、洪水灾害等也给人类社会造成巨大的财产损失。离开了生态系统的服务功能，地球上一切经济活动将不复存在。从这一点来讲，生态系统服务的总价值是不可估量的。

（3）人类健康范畴。健康的生态系统必须能够维持人类群体的健康，可以为人类提供清洁的空气、分解吸收废弃物等。没有一个健康的环境就不可能有真正的人类健康，但由于环境恶化，人类健康已受到严重的影响。日趋稀薄的臭氧层将增加人类患皮肤癌的概率，地球温室效应所导致的各种环境变化可能会增加人类的死亡率。在局部区域，生态系统失调症状的出现对人类健康有重大影响，直接的影响如通过食物链中有害物质的富集、积聚危害身体健康，间接的影响如农业病害增多导致生态系统生产力下降，食物不足引起人类营养不良和身体抵抗力减弱，最终使人类更易受到疾病的侵害。

（4）社会公共政策范畴。公共政策是处理自然系统与人类活动关系的中介。健康的生态系统需要一套能够有效协调人类与自然关系的政策体系，由于生态系统的服务功能不能完全市场化，因此，在制定政策时，往往不能得到足够的重视。当前一些公共政策只是用于应对冲突的出现，而不是解决冲突，这种不一致性本身就是生态系统病态的前兆。除了有关环境保护的国际协定外，许多国家和地区都已制定了一系列环境政策来处理环境问题，但对这些政策效率的研究还有待开展。

四、生态系统健康评价存在的问题

生态系统健康评价存在的问题主要有：

（1）由于生态系统健康具有不可确定性，目前生态系统健康评价仍然局限于定性评价而很难进行量化。

（2）生态系统的健康需要生态的考量、经济社会因子，但是对于各种各样的时间、空间与异质性生态系统来说，真的是太难了，特别地，人类影响和自然干扰在生态系统中的作用有什么区别，目前尚难确定，生态系统在多大程度上发生了变化，它为人类提供服务的作用是否还可以保持下去，需要更深入的研究。

（3）由于生态系统复杂，生态系统健康难以归纳成几个简单而又易于确定的特定指标，很难找到一个能够精确评价生态系统健康受损情况的参考点。

（4）生态系统具有动态性，存在着生成、生长直至消亡的历程，很难判断哪种表现在演替过程上，哪些属于干扰和不健康症状。

（5）健康生态系统具有吸收、解决外来胁迫的能力，但很难确定它对于生态系统健康起什么作用。

（6）生态系统要在何种程度上变化才不会对其生态系统服务产生影响，还需更深入地研究。

（7）生态系统健康在时间尺度和可维持时间上都需要进一步研究。

（8）生态系统维护健康有哪些策略，需要进一步研究。

（9）园林生态系统作为自然生态系统和人工相结合的特殊生态系统，怎样保证园林生态系统健康发展、较好地发挥服务的作用，到目前为止，尚无这方面的报道。怎样促进园林生态系统的良性发展，在城市中营造宜人的环境，这就是要研究的内容。

五、提高园林生态系统健康水平的原则

园林生态系统的建设是以生态学原理为指导，利用绿色植物特有的生态功能和景观功能，创造出既能改善环境质量，又能满足人们生理和心理需求的近自然景观。在大量栽植乔、灌、草等绿色植物，发挥其生态功能的前提下，根据环境的自然特性、气候、土壤、建筑物等景观的要求进行植物的生态配置和群落的结构设计，达到生态学上的科学性、功能上的综合性、布局上的艺术性和风格上的地方性，同时，还要考虑人力、物力的投入。因此，园林生态系统的建设必须兼顾环境效应、美学价值、社会需求和经济合理的需求，确定园林生态系统的目标以及实现这些目标的步骤等。

（1）尊重自然原则。一切自然生态形式都有其自身的合理性，是适应自然发生发展规律的结果。景观建设活动都应从建立正确的人与自然关系出发，尊重自然，保护生态环境，尽可能小地对环境产生影响。

在园林生态系统中，如果没有其他限制条件，应适当优先发展自然的森林群落。因为森林能较好地协调各种植物之间的关系，最大限度地利用自然资源，是结构最合理、功能最健全、稳定性强的复合群落结构，是改善环境的主力军；同时，建设、维持森林群落的费用也较低，因此，在建设园林生态系统时，应优先建设森林。在园林生态环境中，乔木高度在5 m 以上，林冠盖度在 30% 以上的类型为森林。如果特定的环境不适合建设森林，也应适当发展结构相对复杂、功能相对较强的植物群落类型，在此基础上，进一步发挥园林的地方特色和高度的艺术欣赏性。

（2）景观的地域性和文化性原则。任何一个特定地点的自然因素和

文化积淀，都有它一定的分布范围，正因如此，某一地区常有某一植物群落存在、地域文化与之相适应。另外，在园林建设中，还要注意到不同季节对各种树种所产生的影响及适应性，以满足人们对不同季相色彩以及季相型园林景观的要求。即在园林设计中，首先要考虑到地方整体环境，与当地生物气候相结合，设计地形地貌，充分利用本地建筑材料及植物材料，尽量对地方性的物种进行保护与利用，确保场地协调环境特征和物种多样性。低温低湿的温带常见地带性植物是针阔叶混交林，季相鲜明，多开花或结果。如各气候带特有的植物群落类型在高温、高湿地区，典型热带地带性植被为热带雨林。不同区域的生态环境对园林植物群落有着不同的要求，因此，在园林绿化中应该因地制宜，根据当地的实际情况选择合适的园林植物。季风亚热带，以常绿阔叶林为主，四季明显，湿润温带为落叶阔叶林，气候严寒的寒温带为针叶林。园林生态系统构建符合本地植物群落类型，即立足本地主要植被类型，注重乡土植物种类的研究，从而使其能够在最大程度上与当地环境相适应，确保园林植物群落顺利营造。

（3）生态学原则。充分发挥生态位、生态演替理论等的作用，建设多层次、低养护植物群落，改善并保持生态平衡，使得生态效益与社会效益达到高度的统一。

（4）维护生物多样性的原则。生物多样性一般分为遗传多样性构成、物种多样性与生态系统多样性3个等级。植物种群的分布格局在很大程度上决定着植物种间竞争强度的大小，同时还影响到植物所需营养资源及生长空间等生态因子。物种多样性、遗传多样性为生物多样性提供了依据，生态系统多样性是物种多样性赖以生存的先决条件，物种多样性在很大程度上体现为群落与环境物种丰富程度、变化的程度或者均匀度及群落动态与稳定，以及不同自然环境条件及群落之间相互关系。因此，在园林规划设计中应充分考虑植物种群及其组成要素之间的生态位差异，选择具有较好生境特征的植物作为配置对象，以提高植物种间竞争强度和增加植物生长空间。生态学家提出，群落结构越复杂，群落亦越趋于稳定。维护园林生态系统的生物多样性，是指在原有环境下保护物种，不要以相同的形式替换物种和环境类型。

此外，还要积极引种，并让它和周围环境、各种生物彼此和谐，形成稳定的园林生态系统。当然，引种物种时切忌盲目，以防止生物入侵给园林生态系统带来负面影响。要注意一些外来物种的生态适应性和抗逆性问题。例如，白三叶、紫叶酢浆草、花叶蔓长春花等植物应谨慎使用。

（5）整体效应原则。各类园林小地块功能比较薄弱，唯有把各种各样的小地块连接成网，才能实现生态效益最大化。此外，还要确保它的稳定性，提高园林生态系统抵御外界干扰能力，从而极大地降低维护费用。

（6）可持续发展原则。对以生态为中心的园林设计来说，设计师参考了可持续发展生态学等相关理论及方法，从中找出对设计决策有影响力的设计过程内容，让园林生态系统可持续发展。

（7）最适功能原则。按照园林生态系统的不同功能分区，设计中既考虑了植物配置，交通组织、服务设施等，也要兼顾文化内涵，将各部分的作用充分体现出来，并加以发挥，实现了最适宜功能。如湖南烈士公园纪念区。

（8）美学原理。在园林设计中，要兼顾美学上的平衡、和谐、节奏、统一等原则，它既体现为植物景观观赏特性，又体现为时序景观创造，还体现为植物和硬质景观相协调、人群视觉效果与空间效果的尚佳。

（9）保护环境敏感区的优先原则。所谓环境敏感区，是指那些对于人类有着特殊价值或者存在潜在天然灾害的区域，这些区域通常很容易由于人类不适当的开发活动造成环境负效果，根据不同的资源特性和功能，环境敏感区又可以划分为生态敏感区、文化敏感区、资源生产敏感区及天然敏感区四类，主要集中于自然生态环境良好的区域。对于城市园林而言，生态敏感区是指城市内河流水系和滨水地区、特殊或珍稀的植物群落、一些野生动物的栖息地等。文化敏感区是城市景观中有特殊的或者重要的历史、文化价值区域。环境保护敏感区是指人类活动对自然环境产生不良影响而使生态环境恶化的区域。资源生产敏感区具有城市水源涵养的特征，具有新鲜空气的补充，土壤的保持、野生动植物的繁殖区等功能。生态敏感区主要是由于人为干扰而使自然生态环境受到破坏所形成的区域。天然敏感区是指城市中有潜在洪患的滨水区、地质不稳定地区、空气污染区等。所以，城市园林规划中应该对环境敏感区进行保护规划。

（10）效率原则。在现代园林建设中，应贯彻"减量化""再利用""再循环"三大基本原则，使之与经济可持续发展战略相结合。今天，地球上的资源是严重不足的，主要是因为人类对资源与环境的长期不恰当使用，尽管城市园林绿化主要是生态效益与社会效益并重，但是，这不是说能够无限加大投资，无论在哪个城市，人力、物力、财力、土地都有限，为了使人类发展可持续，能源的高效利用势在必行，资源的充分利用与循环利用，最大限度地减少了包括能源、土地和水的使用，生物资源利用与消费，倡导使用废弃土地、原料（它由植被，土壤和砖石组成）服务于新功能。循环利用，主要遵循 4R 原则，即更新改造、降低利用、再利用、循环利用。

六、园林生态系统服务功能的评价

园林生态系统的服务功能是指园林生态系统与生态过程为人类所提供的各种环境条件及效用，其主要表现为净化环境作用、生物多样性的产生与维持、改善小气候的作用、维持土壤自然特性的能力、缓解各种灾难功能、社会功能、精神文化的源泉及教育功能。

园林生态系统作为一个自然生态系统和人工系统的结合，既具有生态系统总体的服务功能，又具有其本身独特的服务功能。具体表现为以下几点：

（1）净化环境作用。园林生态系统的净化作用主要表现在对大气环境的净化以及对土壤环境的净化，维持碳氧平衡、吸收有害气体、滞尘效应、减菌效应、减噪效应、负离子效应等方面。据研究，一般城市中每人平均拥有 10 m 的树木或 25 m 的草坪才能保持空气中二氧化碳和氧气的比例平衡，使空气保持新鲜。园林生态系统对土壤环境的净化作用主要表现在园林植物的存在对土壤自然特性的维持上，以保证土壤本身的自净能力。园林植物对土壤中各种污染物的吸收，起到了净化作用。

（2）生物多样性的产生与维持。生物多样性是指从分子到景观各种层次生命形态的集合，通常包括生态系统、物种和遗传多样性三个层次。生物多样性高低是反映一个城市环境质量高低的重要标志，生物栖息地的丧失和破碎化是生物多样性降低的重要原因之一。园林生态系统可以营建各种类型的绿地组合，不仅丰富了园林空间的类型，而且增加了生物多样性。园林生态系统中各种自然类型的引进或模拟，一方面可以增加系统类型的多样性，另一方面可保存丰富的遗传信息，避免自然生态系统因环境变动，起到了类似迁地保护的作用。

（3）改善小气候的作用。园林生态系统能改善或创造小气候。园林植物通过蒸腾作用可以增加空气湿度，大面积的园林植物群落共同作用，甚至可以增加降水，改善本地的水分环境，如 1 hm² 阔叶林能蒸发 2 500 t 水，比同等面积裸地高 20 倍，可有效提高空气湿度，增加空气负离子浓度。园林植物的生命过程还可以平衡温度和湿度，使局部小气候不致出现极端类型，提高城市居住环境的舒适度。据研究，夏季城市中草坪表面温度比裸地低 6 ~ 7℃，林下、树荫下气温较无绿地处低 3 ~ 5℃。园林植物群落可以降低小区域范围内的风速，形成相对稳定的空气环境，或在无风的天气下形成局部微风，能缓解空气污染，改善空气质量。园林植物还通过本身的净化能力改善环境质量，从而大大改善小气候。园林生态系统随着其范围的扩大和质量的提高，其改善环境的作用也会随之加大，并在大范围内改善气候条件。

（4）维持土壤自然特性的能力。土壤是一个国家财富的重要组成部分，通过合理营建园林生态系统，可使土壤的自然特性得以保持，并能进一步促进土壤的发育，保持并改善土壤的养分、水分、微生物等状况，从而维持土壤的功能，保持生物界的活力。

（5）缓解各种灾难功能。建设良好、结构复杂的园林生态系统，可以减轻各种自然灾害对环境的冲击及灾害的深度蔓延，如防止水土流失，在地震、台风等自然灾害来临时给居民提供避难场所。由抗火树种组成的园林植物群落能阻止火势的蔓延。各种园林树木对放射性物质、电磁辐射等的传播有明显的抑制作用等。

（6）社会功能。良好的园林生态系统可以满足人们日常的休闲娱乐、锻炼身体、观赏美景、领略自然风光的需求。优雅的环境，一方面可以在喧嚣的城市硬质景观中，为人们提供一个放松身心、缓解生活压力、安静的休息场所；另一方面也为人们提供了重要的社会交往机会，对促进社会交往和社区健康发挥着重要的职能。

（7）精神文化。各地独特的动植区系和自然生态系统环境在漫长的文化发展过程中塑造了当地人们的特定行为习俗和性格特征，决定了当地的生产生活方式，孕育了各具特色的地方文化，"一方水土养一方人"就源于此。城市的文化特色是城市历史发展积累、沉淀、更新的表现，同时是人类居住活动不断适应和改造自然特征的反映。在城市文化特色中，城市园林是城市文化特色的自然本底，是塑造城市文化特色的基础。园林生态系统在提供给人们休闲娱乐的同时，还可以使人们学习到各种文化，提升个人知识素养，并在自然环境中欣赏、观摩植物，可以对自然界的巧夺天工、生物界的无奇不有而赞叹不已，更能激发人们对大自然的热爱，从而懂得珍爱生命。

在城市中，特别是大城市中，人们真正与大自然接触的机会较少，尤其是青少年教育中，园林生态系统是进行生命科学、环境科学知识教育的良好、方便的室外课堂，各种园林生物类型，特别是各种植物类型具有教育作用。如植物的进化过程、植物对环境的适应类型、植物的力量等，为人们提供了学习的教材。园林丰富的景观要素及物种多样性，为环境教育和公众教育提供了机会和场所。

第二节　园林可持续发展

一、可持续发展的生态伦理观

生态伦理即人类处理自身及其周围的动物、环境和大自然等生态环境关系的一系列道德规范，通常是人类在进行与自然生态有关的活动中所形成的伦理关系及其调节原则。

（一）生态伦理的内容与核心

就当前生态危机及生态失衡而言，与其说是因为人类没有保护生态环境造成的，倒不如说是因为人类的过度破坏造成的。近代以来，人类活动一直围绕着如何向自然索取更多的资源和能源以生产出更多的物质财富、追求更高水准的生活这一主题。工业文明创造出大量的物质财富，也消耗了大量的自然资源和能源，并产生了土壤沙化、生物多样性面临威胁、森林锐减、草场退化、大气污染等严重的生态后果。因此，维护和促进生态系统的完整和稳定是人类应尽的义务，也是生态价值与生态伦理的核心内涵。从宏观层面来看，与人类未来的生存问题关系最为密切的是生态伦理。

生态伦理成为可能的合理性建构就是"人是目的"，对"人是目的"的合理解读应该是对人的终极关怀。对人的终极关怀不应理解为对人欲求的满足，而应是对人需要的满足。人的欲求往往带有明显的功利性、现实性、享乐性。人的欲求往往掩盖了人的本质需要，那就是人最终作为种的形式、作为类的存在物延续下去的需要，即人生存和发展的需要。现实的欲求在很大程度上是人虚假的需要，最终导致人的自我否定。本质的需求才是真实的需要。当人类以此为出发点来处理人与自然的关系时，生态伦理就有了现实的根据，生态伦理便成了人的伦理，最终成为人的内在自觉。

奈斯的观点"最大限度的自我实现"是生态智慧的终极性规范，即"普遍的共生"或"（大）自我实现"，人类应该"让共生现象最大化"，从这种意义来说，生态伦理学的内容及原则已成为人类可持续发展的哲理性道德规范。

（二）生态伦理的特点

（1）社会价值优先于个人价值。为了使生态得到真正可靠的保护，应制定出具有强制性的生态政策。在制定生态政策的过程中，必须处理好个人偏好价值、市场价格价值、个人善价值、社会偏好价值、社会善价值、有机体价值、生态系统价值等价值关系。在个人与整体的关系上，应把整体利益看得更为重要。所谓社会善价值，就是有助于社会正常运行的价值；而个人善价值代表的则是个人的利益。可见，生态保护政策不仅触及个人利益与社会利益的关系问题，而且主张社会价值优先于个人价值。

（2）具有强制性。生态伦理无论在内涵方面还是在外延方面，都不同于传统意义上的伦理。传统意义上的伦理是自然形成的，而不是制定出来的，通常也不写进法律之中，它只存在于人们的常识和信念之中。传统意义上的伦理仅仅协调人际关系，一般不涉及大地、空气、野生动植物等。传统意义上的伦理虽然也主张他律，但核心是自觉和自省，不是强制性的。由于生态保护问题的复杂性和紧迫性，生态伦理不仅要得到鼓励，而且要得到强制执行。

（3）扩展了道德的范围，超越了人与人的关系。单靠市场机制很难确保人类与生态之间的和谐，很难确保正确地对待动植物以及生态系统，很难确保后代的利益。因而，应通过制定生态保护政策来引导人们转变道德观念。任何政策的落实都需要得到公众认可，生态保护政策更需要公众发自内心的拥护。生态伦理所要求的道德观念，不仅把道德的范围扩展到了全人类，而且超越了人与人的关系。生态政策必须兼顾生态系统的价值，兼顾不同国家间利益的协调。

（4）努力实现人与自然的和谐发展。生态危机主要是由于生态系统的生物链遭到破坏，进而给生物的生存发展带来困难造成的。人类发展史表明，缓和人与自然的关系，必须重建人与自然之间的和谐。第一，控制人口增长，使人口增长与地球的人口生态容量相适应，以保障人类需求与自然再生产的供给相协调，是一项紧迫任务。第二，把改造自然的行为严格限制在生态运动规律之内，使人类活动与自然规律相协调。改造自然不应是人类对大自然的掠夺性控制，而应是调整性控制、改善性控制和理解性控制，即对自身行为的理智性控制。第三，把排污量控制在自然界自净能力之内，促进污染物排放与自然生态系统自净能力相协调。倘若人类排放的污染物超过了大自然的自净能力，污染物就会在大气、水体、生物体内积存下来，对生物和人体产生持续性危害。第四，促进自然资源开发利用与自然再生产能力相协调，为人类的持续发展留下充足空间。对于可再生资源的开发利用，也必须坚持开发与保护并重的原则，促进自然再生产能力的提高，以保证在长期内物种灭绝不超过物种进化，土壤侵蚀不超过土壤形成，森林破坏不超过森林再造，捕鱼量不超过渔场再生能力等，使人类与自然能够和谐相处。人类应摆正自己在大自然中的道德地位。只有当人类能够自觉控制自己的生态道德行为，理智而友善地对待自然界时，人类与自然的关系才会走向和谐，从而实现生态伦理的真正价值。

（三）可持续发展生态伦理观的深入思考

可持续发展生态伦理观的核心思想是强调生态平衡对人类生存、社会发展的积极意义，强调当代人之间以及人与自然的和谐共存原则，强调当代人不应危及子孙后代生存和发展的责任。这是人类社会走上可持续发展之路和实施可持续发展战略、生态伦理理念的必然选择。

可持续发展生态伦理观，简单地说，就是尊重自然、热爱自然，利用人与自然的和谐造福于人类社会，达到自然与人类社会的可持续发展。

一方面，现代科学尤其是现代物理学、生物进化理论和系统科学理论的进展，在瓦解旧自然观概念根基的同时，也给人们重新认识人与自然关系的可持续性提供了科学基础。现代生态危机的反思表现在人与自然的关系上，人既不是大自然的监护人，也不是精美造物（机器）的赞美者和鉴赏者，人与自然并非两个彼此分立、外在的存在序列。科学地界定人在自然界中的地位，认清人类赖以生存的地球环境的系统性与整体性，认识人对自然的依赖和自然对人的包容以及人类与自然交互过程中的作用与影响，是可持续发展生态伦理探讨的最基本内容。

另一方面，只有彻底改变人类思维和行为，才能达到共同体"和谐、持续"的境地。可持续生态伦理体现的是人与自然的关系，从本质上看，反映的是人与人的关系。今天的生态危机，表面上是人与自然的矛盾、人与自然关系的紧张，其深层却反射出人与人的矛盾、人与人关系的紧张，更确切地说是人的伦理价值观念的危机，这也必然制约着人与自然的关系。人类仅仅认识和接收可持续生态伦理，人与自然的和谐是不够的，在此基础上，人类真正承担起人类社会发展的"责任"才是可持续发展生态伦理观的核心。

生态危机的实质是环境的恶化严重影响人类的生活，甚至威胁人类的持续存在，因此，保护生态环境也就是对人类的自我保护，即使人类社会的同代人和后代人可持续地生存下去，这也是可持续发展的题中之义。在人与自然和谐的基础上，人是可持续发展的核心要素，可持续发展生态伦理观强调人的"责任"，人与自然和谐当然涵盖对自然的"责任"，人对社会的发展也在责难逃。人的伦理责任在社会发展空间、时间两个纬度里，表现为当代人之间和当代与后代人之间在合理利用自然资源满足自己利益的过程中要体现出机会平等、责任共担、合理补偿，强调公正地享有地球，把大自然看成当代人和后代人共有的家园，平等地享有权利，公平地履行义务。真正担负起可持续发展的伦理责任，是一种价值观、伦理观的升华，生存下去必须兼顾当前并放眼未来，达到"天人合一"。

在可持续发展生态伦理观中，人与自然是和谐共处的，与自然的关系不单纯是利用和被利用、征服和被征服的关系，而是将人与自然看作一个整体，在这个整体中，人与自然和谐相处、互动共存。传统的伦理道德只用以调整人与人之间相互关系，但生态道德的产生，将伦理道德的视野扩展到自然，是对传统伦理道德的补充与升华；同超前环境伦理观相比，这可以普遍化的伦理观念，是环境保护的伦理底线，是对其他环境伦理观念的摒弃和超越。

二、园林可持续发展的支持体系及其建设

（一）生态绿地格局理论

生态绿地格局要能够满足城市中的绿地生态环境、文化、休闲、景观和防护等诸多功能的要求，并将这些要求作为理论建设的基础和前提。良好的生态绿地格局应当能够顺应城市空气动力学、水文学、热量耗散和人类活动等规律，并能够让自身发挥出改善生态环境质量等的作用和价值。通过对不同功能空间属性的绿地进行区分，营造出树状的网络结构绿地格局，例如，具备静态功能空间属性的结构性绿地和具备动态功能空间属性的过程性绿地，通过区分，能够帮助城市中心敞开，城市水系和交通、气流和物流进行交流，形成循环的自然脉络。城市绿地生态网络中应当包括绿环、绿带、绿廊、绿心等，并且要布局均匀、流动性强、功能可达性高、体系稳定性好，并要具备空间开放性，特别是要具备布局均衡完整性和功能贯通连续性。

（二）群落营造理论

人工园林植物作为城市园林绿地中的基本结构单位，不仅能够直接对园林绿地整体景观产生影响，而且还能够为实现绿地系统生态功能提供

基础和保障——通过对园林植物的群落进行科学、合理的营造，能够促进城市绿地的可持续、高效率、低成本、稳定性以及自维持特征的实现。城市绿化生态效益通过树叶量来进行衡量，并不是树的数量。树叶量能够决定绿化效果以及生态效益，同时是园林绿化中的重要生态指标。因此，通过叶面积指数能够衡量出园林绿化生态效益。园林植物群落营造，是促进高叶面积指数以及高生态效益的基础。虽然目前营造绿地植物群落逐渐成为主要绿化工作，但是关于群落的种植、结构、功能、效益等方面的评估研究和实践依然需要加强。

三、园林可持续发展的技术体系

（一）园林科技

开发和采用新树种、新品种。新树种、新品种是园林花、苗、木行业的栽培利用对象。通过引进优良品种，坚持育种与引种试验相结合、繁殖与应用相结合等原则。加强对新品种的培育与推广力度，不断提高生产水平。在引种的同时，加强选种和育种，在园林建设中选育了一批适应性较强、花期较长的园林品种，种类特色鲜明。发展新树种、新品种，可以形成合理产品结构，顺应市场需求，是该行业经济新增长点。

运用科学技术大力发展副业生产。在城市园林绿化行业中，要积极运用科学技术，大力发展商品经济。为了更好地推动园林绿化事业，要根据市场需求，开发新品种。深入推进技术进步，推动生产单位技术水平与质量的提高，推动单位经济增长与行业发展。如制作适用特效培养土、肥料、营养剂等，设置综合性苗木、盆景、花卉、鸟类、鱼类、昆虫、种子、肥料等饲料和机械设施及其他国内和国际市场。从单一生产到开拓市场，走向多元化的生产经营。

可以快速、连续提升园林花苗产业的品质，直接增加经济效益的一种工艺，都应该被认为是新技术。这些新技术具有先进性、实用性、可操作性、经济性等特点。就技术水平而言是合适的，经济实用、业内可接受的工艺应广泛应用。只有这样，才能促进我国园林绿化事业的进一步发展。新技术更是综合性的系列技术、配套技术。所谓综合性技术指的是多项技术配套使用所产生的综合效果，由单项技术的进步带动。因此，只有把各项技术结合起来，才能达到预期效果。例如，工厂化育苗技术是一项系统化综合技术。

（二）生态学基本原理

1. 乡土植物的应用

乡土植物不仅能够发挥绿地生态功能，而且还能够为城市生物多样性奠定基础。目前，我国绿化工作有时候没有对乡土树种给予关注，而是过度地欣赏、引进一些外来树种。其实，乡土树种不仅成本相对较低，而且能够适应本地的气候和环境，具有先天优势，因此，在节约型园林技术体系中，要将乡土植物的应用融入其中。

2. 功能植物群落的应用

在城市园林绿化过程中，要根据不同城市的用途来选择不同的功能性植物群落，例如，观赏型、保健型、文化技术型、科普型、环保型以及卫生保健型等。通过构建吸污型、固碳型的植物群落，能够有效修复土壤、水体、大气等问题，并改善城市环境质量，同时还能够释放大量空气负离子，调节人体内血清素浓度，缓解精神压力，带来轻松愉快的心情。

3. 复层群落绿化模式

通过将乔木层、草本地被层和灌木层等组成群落绿化效果，能够促进城市绿地景观以及生态功能的实现。由于以往并没有对绿化植物的群落结构、配置、特性等进行充分了解，因此，并没有将其具体应用，导致我国城市绿地群落配置比较单一，且为了强调效果缩减工期，导致植物种类减少，群落结构毫无层次感。因此，要将复层群落绿化模式应用在节约型园林技术体系中，创造出具有层次感和美感的植物景观。

（三）园林施工技术

城市园林施工工程的新技术贯穿于园林的植物种植、园林小品、城市园林种植土的选用以及城市园林的植物养护等全过程，在城市园林施工过程中占据着重要地位。

1.园林施工原则

增强现代城市园林工程施工中新技术应用的科学性。只有不断提升我国城市园林施工新技术水平，才能保证城市园林施工工作的顺利进行，从而更好地实现人与自然和谐相处的目的。现代城市园林施工中，新技术对植物生长及景观效果有着直接影响，并代表了城市园林工程的建设趋势。园林施工新技术在发展过程中都有其内在发展规律可遵循并被采纳，所以，园林工程建设提高了原有资源的利用效率，同时，一大批新技术的推出势在必行，正确把握园林工程新技术发展的方向，积极探索园林工程新技术内在规律，基于明确的目标和清晰的思路，做到理性、科学应用园林施工中的新技术等，取得了显著的园林景观效果。只有这样，才能使园林工程项目更好地为人民服务，为社会创造更大的经济效益与社会效益。例如，园林道路建设期间，无论道路用花岗岩、砂浆路面和其他岩石路面，一定要确保路面整齐、安全可靠、舒适耐用，与此同时，这些建设也要具有合理性。这样才能使整个景观具有较高的观赏性，满足人们对美的追求。这一要求体现在新技术的应用中做到合理和科学、新技术在园路路面施工中获得成功，人们一定要重视这些内在规律对人们的影响。

加强新技术在园林施工中的全面应用。园林施工中采用新技术时，一定要针对园林工程所处地域的经济环境进行分析，并对地质水文条件、区域人文环境、周围气候条件和现存地形地貌等做出总体了解，重视园林施工的合理性、科学性与可持续发展性等，加强园林施工中新技术应用的预见性，并且通过现场实验对园林施工的全面铺开进行整体策划，通过科学论证和其他各种形式对新技术应用效果做进一步考察。

对城市园林施工资源进行科学合理的配置。通过对园林工程施工过程中各阶段的分析，提出了一些合理有效的措施和方法，以提高我国城市绿地建设水平，促进城市生态环境改善。新技术在城市园林施工中的应用，主要表现在对有限湿地、土地的最大化利用，林地及其他资源对园林施工的影响，以及应坚持科学、合理分配园林施工资源原则等。

2. 摒弃园林工程中不利于可持续发展的因素

栽植树木今后的发展和利用问题，是园林事业的可持续发展问题。而在当前园林建设工作中，存在许多不合理的做法。

（1）片植：片植增加的是绿量，浪费的是资源。其施工技术简单、工程量大、最容易获利，但片植严重违背植物的自然生长规律，限制了植物的地上、地下生长空间，养护成本大，需要经常修剪，植物寿命不长，造成资源浪费，增加经济成本。除非十分必要，否则尽量少用。

（2）草花：草花是城市色彩最直接和有效的手段，但高成本是不利于绿化事业可持续发展的。有资料统计，每平方米草花全年的费用，大约是一般绿地的50倍。尽量在一般地块多用宿根花卉或是地产的可自播的花卉。

（3）树种：要纠正外来树种比本地树种好的偏见。植物都有生态效益。种植、养护方法直接决定其美观效果。要提倡多用乡土植物，少用外来植物，以降低维护成本。

（4）土壤与施肥：植物地上部分出问题，主要是由于土壤中的养分不能满足植物需要所致。没有好的土壤，就长不出好的植物。一方面，要尽力争取使用符合要求的种植土，另一方面，要对绿地土壤进行改良。对植物适时施肥，以满足正常生长所需的营养。

（5）草坪：从园林传统文化上和生态功能乃至综合成本上，草坪在城市绿化中大量使用并不适合中国国情。应提倡和推广用地被植物替换草坪，如麦冬、金银花、虎耳草、红花酢浆草、鸢尾、常春藤、吉祥草等。

（6）植物资源再利用：对于城市植被密度过大的问题，可以通过人工方式缓解其竞争压力。可以通过疏移的办法解决植物竞争的问题，另外可以充分地利用植物资源。

（四）法律法规和政策的保障

曾经大力推行的绿化补偿费制度，对于遏制绿化违法行为，促进城市绿化事业发展起到了重要作用。在新形势下，立法中硬性规定各项绿化用地面积标准（如新建、改建单位和住宅小区的绿地率分别要求达到35%和25%）已很难适应新形势的要求。北京市在绿化条例中，率先废除了绿化补偿费制度。因占用绿化用地获得的收益远远大于其缴纳的绿化补偿费，有些开发商就通过缴纳绿化补偿费的办法来逃避绿化责任，使市民的绿化权益受到了侵害。北京市绿化条例规定，任何单位和个人不得擅自改变绿地的性质和用途，未经许可擅自改变绿地性质和用途的，责令限期改正、恢复原状，并按照改变的面积处取得该处土地使用权地价款3～5倍的罚款。新的举措将有力促进绿化和保护已有成就。

（五）旅游开发及多种经营

园林绿化与旅游有着天然的联系，从具体的旅游活动来说，人们的旅游目的各不相同，但欣赏自然风光、游览名胜古迹通常是主要的旅游目的。据专家估计，到21世纪末，旅游业将成为全球最大的创汇产业，因此，为旅游业提供优美环境空间的城市园林可以作为带动旅游业、服务业全面发展的龙头。在市场经济条件下，城市园林资源有商品属性和价值，可以作为一种特殊生产资料与旅游业一起参与市场经济运行，为旅游业创造经济收入，旅游业通过对自己的生产资料——城市园林资源进行投资，使资源的质量和旅游价值不断提高。实践证明，通过开发吸引了许多经济开发商参与投资，弥补了政府投资的不足。但目前大部分开发商的积极性主要在于营利性项目且局限于单位内部，未形成公益事业的投资主体，应采取措施对各开发商及投资者进行积极引导。

在不影响城市园林生态效益、社会效益正常发挥的前提下，从方便游客的角度出发开展适当的娱乐活动和饮食服务活动，并利用自身资源进行生产型加工活动，为社会提供多种物质产品，增加自我更新、自我改造的能力。

参考文献

[1]陈教斌. 中外园林史 [M]. 北京：中国农业大学出版社，2018.

[2]崔柳. 系统自然观释义的城市公共园林 [M]. 北京：中国建筑工业出版社，2016.

[3]董亮. 园林建筑设计基础 [M]. 咸阳：西北农林科技大学出版社，2016.

[4]董薇，朱彤. 园林设计 [M]. 北京：清华大学出版社，2015.

[5]法国亦西文化. 新生态景观主义 [M]. 简嘉玲，译. 沈阳：辽宁科学技术出版社，2018.

[6]金学智. 中国园林美学 [M]. 北京：中国建筑工业出版社，2000.

[7]李静. 园林概论 [M]. 南京：东南大学出版社，2009.

[8]李开然. 风景园林设计 [M]. 上海：上海人民美术出版社，2014.

[9]李寿仁，陈波，陈宇. 地域性园林景观的传承与创新 [M]. 北京：中国电力出版社，2019.

[10]李雄，郑曦，李运远. 理地营境生态文明建设背景下风景园林实践 [M]. 北京：中国建筑工业出版社，2022.

[11]林祥霖. 风景园林的想象力 [M]. 北京：中国林业出版社，2019.

[12]卢山，陈波，周之静，等. 节约型园林建设理论、方法与实践 [M]. 北京：中国电力出版社，2017.

[13]骆中钊，韩春平，庄耿. 新型城镇园林景观设计 [M]. 北京：化学工业出版社，2017.

[14]邱冰，张帆．中国现代园林设计语言的本土化研究 [M]．南京：东南大学出版社，2018．

[15]檀文迪，霍艳虹，廉文山．园林景观设计 [M]．北京：清华大学出版社，2014．

[16]王浩，王亚军．生态园林城市规划 [M]．北京：中国林业出版社，2008．

[17]王红英，吴巍，祁焱华．风景园林设计基础 [M]．北京：中国水利水电出版社，2014．

[18]王兰，杨渝南．园林景观设计赏析 [M]．北京：中国电力出版社，2011．

[19]王晓俊．园林艺术原理 [M]．北京：中国农业出版社，2011．

[20]夏绮林．新生态景观主义法国滤园环境科技设计作品专辑 [M]．沈阳：辽宁科学技术出版社，2014．

[21]徐公天，庞建军，戴秋惠．园林绿色植保技术 [M]．北京：中国农业出版社，2003．

[22]尤传楷．城乡园林一体化的探索：圆不完的绿色之梦 [M]．北京：中国建筑工业出版社，2016．

[23]于冰沁，田舒，车生泉．生态主义思想的理论与实践：基于西方近现代风景园林研究 [M]．北京：中国文史出版社，2013．

[24]泽努尔．风景园林与环境可持续 [M]．北京：中国建筑工业出版社，2020．

[25]中国风景园林学会信息委员会．园林城市与和谐社会 [M]．北京：中国城市出版社，2007．

[26]皮鑫宇，杨璐．生态主义景观设计的应用与思考 [J]．现代园艺，2020（7）：121-123．

[27]李光子，蔡君．生态主义思想影响下的景观审美流变 [J]．中国城市林业，2019（1）：85-89．

[28]袁梦，俞楠欣，陈波，等．中国园林造园理念的源流与发展 [J]．浙

江理工大学学报（社会科学版），2019（4）：414-422.

[29]袁梦，卢山，陈波. 园林景观营造中的自然观探析 [J]. 浙江农业科学，2018（10）：1844-1848.

[30]刘琼琼. 园林景观生态设计理论探讨 [J]. 现代园艺，2018（13）：116-117.

[31]刘京一，林箐，李娜亭. 生态思想的发展演变及其对风景园林的影响 [J]. 风景园林，2018（1）：14-20.

[32]黄忠. 寻踪：生态主义思想在西方近现代风景园林中的产生、发展与实践 [J]. 江西建材，2016（19）：189.

[33]汪婷. 生态主义视野下的园林设计策略探析 [J]. 住宅与房地产，2016（15）：53.

[34]王丽娜，孙琦，张贝琳. 生态主义视野下的园林设计对策 [J]. 北京农业，2015（5）：41.

[35]钟祥. 基于生态主义理念的园林设计策略 [J]. 现代园艺，2014（12）：113.

[36]汪儒君. 生态学理论与风景园林设计理念 [J]. 现代园艺，2013（24）：120.

[37]骆柏辉. 浅析如何做好生态化园林设计 [J]. 现代园艺，2013（11）：79-80.

[38]孟凡枝. 园林景观中资源的可持续利用 [J]. 中国园艺文摘，2013（5）：122-124.

[39]陈华生. 景观园林设计中的生态学思考 [J]. 河北林业科技，2012（5）：68-69.

[40]于冰沁，王向荣. 生态主义思想对西方近现代风景园林的影响与趋势探讨 [J]. 中国园林，2012（10）：36-39.

[41]苏玉波. 生态主义视野下的园林设计策略分析 [J]. 现代园艺，2012（10）：59-60.

[42]斯震. 生态主义视野下的园林设计策略分析 [J]. 浙江林学院学报，

2009（3）：421-426.

[43]于冰沁，王向荣. 生态主义思想在景观规划设计中的表达与实践 [J]. 农业科技与信息（现代园林），2008（3）：42-44.

[44]赵晨洋. 生态主义影响下的现代景观设计 [D]. 南京：南京林业大学，2005.

[45]袁梦. 自然观视角下近自然园林理论研究 [D]. 杭州：浙江理工大学，2019.

[46]李晓利. 俞孔坚生态主义景观设计研究 [D]. 晋中：山西农业大学，2014.

[47]张伟. 基于生态主义的城市湿地公园水系规划研究 [D]. 北京：北京林业大学，2016.

[48]莫小云. 基于生态视角的极简主义景观设计研究 [D]. 福州：福建农林大学，2018.

[49]王磊. 景观生态设计的哲学审视 [D]. 沈阳：东北大学，2018.